干阑建筑空间与营造

罗德启 汤洛行 编著

中国建筑工业出版社

图书在版编目（CIP）数据

干阑建筑空间与营造/罗德启 汤洛行编著. —北京：中国建筑工
业出版社，2018.6
ISBN 978-7-112-22084-7

Ⅰ．①干…　Ⅱ．①罗…②汤…　Ⅲ．①木结构－建筑结构－研
究－中国　Ⅳ．①TU366.2

中国版本图书馆CIP数据核字（2018）第073100号

责任编辑：唐　旭　李东禧　孙　硕
责任校对：焦　乐

干阑建筑空间与营造

罗德启　汤洛行　编著

*

中国建筑工业出版社出版、发行（北京海淀三里河路9号）
各地新华书店、建筑书店经销
北京富诚彩色印刷有限公司印刷

*

开本：787×1092毫米　1/16　印张：13½　字数：221千字
2018年6月第一版　2018年6月第一次印刷
定价：**138.00**元
ISBN 978 - 7 - 112 - 22084 - 7
　　　　　（31984）

序

　　"干阑"是人类最早的居住形态之一，是历史悠久古老的建筑文化。干阑建筑源远流长，就中国而言，从考古学的资料以及学术界一般认为，在新石器时代，古代南方的长江中下游及珠江中游流域的水网地区，是干阑建筑最早的发祥地。但随着历史的演进和社会经济文化的发展等各种原因，反而在长江及珠江中上游流域的西南山区完整地保留下来，成为南方族群的主要民居形式，其中尤其以贵州、云南、广西少数民族的干阑建筑最为典型，成为今天尚存的这类建筑形态的遗脉。

　　干阑建筑并非只在中国南方有，从全球角度看，它还较集中地分布在东南亚及整个环太平洋地区，构成了干阑建筑文化生态圈。由于地理、民族、经济、文化等因素，各区域的干阑建筑相互独立而又相互影响，这种共同性和差异性造就了区域内干阑建筑类型多样、风姿多彩的地域建筑文化特色，也使其映现出特有的自然和建筑形态，凸显有"和而不同、与自然和谐共生"的文化特性和精神特质。这些干阑建筑不仅反映各地的民族区域特征，也成为干阑建筑区别于其他建筑文化的个性标志。

　　中国南方干阑建筑体系不仅与北方穴居体系同为中华历史悠久古老的建筑文化，而且它对中国传统木结构的产生、发展及其演变规律，以及在建筑历史与理论上的重要地位就不言而喻了。

干阑建筑最本质的核心思想就是底层架空。自古以来，这一建筑思想一直为人们所用。追其原因，就在于它能在各种地形环境条件下具有广泛的适应性。纵观干阑建筑演变发展的历史进程，以及当今形形色色的建筑思潮和城市建筑实例，可以说，都无一不是受这一建筑思想启示所表现出来的创新精神。

本书缘于"干阑建筑民居空间形态及营造研究"课题，并在该课题研究报告基础上编写而成。内容以贵州干阑建筑的实地调研测绘为重点，以干阑建筑的空间形态以及在建造过程流传下来的营造方式为辅线，通过对干阑建筑的历史源流、分布特点、生境环境、演进发展及其与民族习俗的关系，以及干阑建筑类型、空间要素、构架体系、建造程序、建筑特色等，剖析了干阑建筑产生与发展的缘由及其对环境适应性的特点。从建筑学的范畴，以干阑建筑的空间形态与营造方式为切入点，探索其蕴含的传统建筑文化价值及其在当代城市建设进程中的现实意义。

本书是对干阑建筑相关的考古、文化、历史等资料的整合，结合调查搜集的应用实例，通过系统梳理整合而成的一份较完整的综合性研究成果。读者通过本书可以领略到干阑建筑丰富的建筑文化类型，较系统地了解到干阑建筑的演变发展过程，及其蕴含的精神文化价值。

目 录

序

1 | 干阑建筑文化源流与发展

漫长的历史长河中，各族先民利用当地的自然条件，娴熟地使用乡土建筑材料，依山而建，逐水而居，以顽强和坚韧创造了人与自然高度和谐的聚居形态。文献表明，自古以来黄河流域的"土文化"和长江河流域的"水文化"都具有很强的生命力，它们的演进都是朝向地面建筑发展，成为木构架建筑发展的主要渊源。就"水文化"而言，由于南方地理、民族、经济、文化等因素，各区域建筑相互独立而又相互影响，造就了干阑建筑类型多样、建筑文化多彩的特色，使干阑建筑表现出特有的自然形态和文化形态，凸显出"和而不同、与自然和谐共生"的文化性格和精神境界。干阑建筑文化不仅反映地区各民族的鲜明个性，也成为区别于其他建筑文化的标志性特征。

1.1 "干阑"的基本含义

讲干阑式建筑，首先应该明确"干阑"的基本含义。干阑在其语音、语义和民族文化等方面都充分表现了丰富的文化内涵，其中"干"与"杆"、"阑"与"栏"语音相谐，语义相通。干阑亦作"干"，也作"杆栏"。在一些史料中记载有"杆"是表示柱子，且"干"与"杆"互为通假，所以现代人们常用"干"来代替"杆"。"阑"即"栏"之意，亦即有阻拦之意。在古代，"干阑"有阻拦和阻止的意思，即用木杆和竹竿做成的栏杆，为设置多重门户的防护设施。

在我国古代，干阑式建筑是流行于长江流域及其以南地区十分重要的居住建筑形制。它是一种下部架空的原始形式的住宅。即用竖立的木、竹构成桩架，建成高出地面的一种房屋。具有通风、防潮、防兽等优点，对于气候炎热、潮湿多雨的亚热带地区非常适用。基本功能就是防虫蛇、避野兽、隔淤湿。对于平坎少、地形复杂地区，尤能显出其优越性。自魏晋南北朝时期的僚人已有干阑，至今中国西南某些少数民族地区还继续使用。

在少数民族的文化习俗中，也常常蕴含有"干阑"的寓意。"干阑"具有由少数民族语言转译而来的音变，类似很多相似的称呼，多是从各民族语言转译而来。如现代壮语中，"干"是竹木之意，"拦"或"兰"都是屋舍之意。在壮侗语族中，"干"表示"上面"的意思，"干阑"即表示房屋的上层，其含意具有"楼居"之意。又比如少数民族中萨满教祭祀的立杆祭天等，都充分体现出"干阑"文化在中国民族文化中扮演着极为重要的角色。同时，"干阑"还体现着人类最原始的一种哲学思维，如若将它提高到原生态建筑哲学的高度来思考，可以认为干阑建筑不仅孕育了建筑文化本身，更重要的是它孕育了中国古代原哲学，特别是孕育了生态建筑哲学和生态建筑人类学。

1.2 "巢居"与"穴居"——人类最早的原始居住形态

文献资料表明，原始建筑形态存在着"巢居"和"穴居"两种构筑方式。黄河流域土文化、长江流域水文化，这两种文化都具有很强的生命力，它们随着社会的发展进程，都朝向地面建筑发展，成为中国木构架建筑发展的主要渊源。巢居-干阑建筑、穴居-窑洞建筑，它们各自延续着有生命力的原始形态发展。

中国地域广阔，各种民居建筑类型绚丽多彩。从新石器时代起，中国古代的建筑已分为南北两大系，远古的南方巢居和北方穴居，即巢居-干阑建筑和穴居-窑洞建筑。《太平御览》卷七八中引项峻《始学编》说：有"南巢北穴"之说，即远古的南方巢居和北方穴居。北方窑洞是远古穴居的一种遗存，而散布于中国南方的干阑木楼，则是最古老、最原生的巢居体现。

北京猿人和山顶洞人都住在天然山岩洞内，可见洞居是旧石器时代猿人的主要居住方式，这点可以从亚、非、欧各地广泛的考古学的成果中证实。天然山洞居住条件的低劣，迫使人类寻求改进。在新石器到来之时，人类发明了穴居方式，穴居是人类工具与手艺进步的结果，它大大改善了人类的居住生活条件。

根据对当代类人猿所作的建筑人类学考古发现，巢居是其主要居住方式。巢居和洞居一样不方便、不安全。在华北华夏族由洞而穴的潮流同时，南方由巢居转型为"楼居"的趋势开始了。这种所谓的"楼居"与巢居主要不同之处在于支柱由天然树木变为插地式人工支柱的栅居，这就是所称的干阑建筑之萌芽。

我们不妨从人类居住方式来考证。北京猿人和山顶洞人都住在天然山岩洞内，可见"洞居"是旧石器时代猿人的主要居住方式。这点可以从亚、非、欧各地广泛的考古学成果中得到证实。住天然山洞对温带地区比较适合，尤其是对中国黄土高原的自然环境特别有利。今天还有一些仍然被使用的窑洞，这些都是从远古洞居发展而来。

然而天然山洞居住条件低劣，迫使人类寻求改变。在新石器时代，人类出现了"穴居方式"。"穴"字在甲骨文中是表示开有通风口的篷帐。"穴居"大大改善了人类的生活条件，是人类工具和手艺进步的产物，这从仰韶文化遗址可以得以证明。

嗣后至文明初启时，夏后氏的土阶宫已经进入到穴居向梁柱结构转变的萌芽期。此间，土夯墙壁、木构梁柱，成为华北华夏族的主要居住构筑物，故后世也称营造为土木工程。

人们对当代类人猿所作的建筑人类学考察发现，"巢居"是其主要居住方式。在旧石器时代，亚、非及南太平洋等热带雨林及亚热带地区的森林中的猿人也是巢居的，19世纪前曾有大量发现，至今仍有遗存。"巢居"的"巢"字，从"木"、"巛"而来，是树上鸟巢中三只鸟的象形，因此"巢居"也是仿生建筑。人类学告诉我们，以树为家是远古人类的生存方式，但人还得靠理智，因地制宜、周旋躲避、寻求生存。当时要想有效地躲避地面众多毒蛇猛兽的危害，去处只能是树上了。

其实"巢居"和"洞居"一样不方便。在华北华夏族主要居住构筑物由"洞"而"穴"的潮流同时，在我国南方，"巢居"转型为"栅居"的趋势也开始出现。后经逐步完善，从而形成了被称之为干阑式的建筑。

有关文献表明原始居住建筑形态的"穴居"与"巢居"这两种构筑方式，它们各自都延续着有生命的原始形态在不断演进。

"干阑建筑"是人类最早的原始居住形态之一。我国古代文献记载最早出自《魏书·獠传》："依树积木，以居其上，名曰干兰，干兰大小，随其家口之数"。《旧唐书·西南蛮传·南平獠》："人并楼居，登梯而上，号为'干栏'"。《新唐书·南蛮传下·南平獠》："山有毒草、沙虱、蝮蛇，人楼居，梯而上，名为干栏"。考古学和民族学中的所谓的水上居住或栅居，以及日本所谓的高床住居等，亦当属此类建筑。

我国历史上最早的房屋建筑出现在母系氏族公社时期,其中具有代表性的房屋遗址主要有两处:一处是长江流域多水地区所见的干阑式建筑,另一处是黄河流域的木骨泥墙房屋。一般所说的巢居、栅居等,大体所指的也都是干阑式建筑。"干阑建筑"它与北方的穴居体系同为人类历史悠久的古老建筑文化,都是人类最早的原始居住形态,"干阑建筑"又是南方十分重要的居住建筑形制。我们从南方各省广泛出土的陶器、铜器的干阑建筑实物模型,都充分证明了中国上古的居住方式为南巢北穴的大致分布状况。

1.3 干阑建筑文化的演进与发展

如果说我们祖先自己动手搭建的房屋是以木结构为主,木结构房屋是由天然洞穴、半洞穴到地面居住的过程中诞生的,那么干阑建筑的演变发展历程同样可以分为如下几个阶段:

1.3.1 巢居——人类有意识营构活动的开始

巢居,在旧石器时代,是将住所建造于自然原生木上,"构木为巢"这就是巢居 。巢居是原始人类最早的居住形式,也是其主要的居住方式。在文献《庄子·盗跖》中这样描述:"古者禽兽多而人民少、于是民皆巢居以避之"。在文献《韩非子·五蠹》云:"上古之世,人民少而禽兽众,人民不胜禽兽虫蛇,有圣人作,构本为巢,以避群害"。旧石器时代的猿人,架木结茅于树上,即一个方形盒子状的平房,像鸟巢般地架设在大树的主、支杆之间,形式比较接近于鸟巢,以"构木为巢",因此巢居似乎带有早期干阑的痕迹。

巢居形式史称"橧居","橧居"是架设在大树上的"鸟巢居"的总称。"橧居"又分两种形式:一为"独木橧"居,即利用一株大树的枝丫搭建窝棚;二为"多木橧"居,是将房屋底座架设在相邻的几棵树上的做法。"多木橧"居,除增大空间外,也更为稳固、安全。

可以说巢居是人类进化过程中,因袭而栖之于树的居住方式,它是干阑建筑的前身,也是人类有意识、有目的建筑营构活动的开始(图1-3-1)。

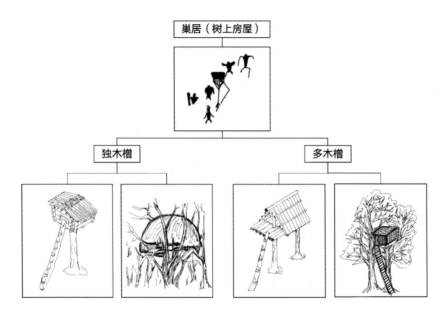

图1-3-1　独木槽与多木槽

1.3.2 "栅居"——具备"干阑"建筑的雏形

"栅居",从新石器时代起,人类于地上立木打桩筑台,在平台上架木为楼,这便是"栅居"(图1-3-2)。自新石器时代早期,大约距今两万年到四五千年,人类已经可以制作和使用磨制加工石器和陶器,如石锥、錾、针、火,是出现了农业和养畜业的时期,人类的活动范围已经不再局限于森林或其他林木繁茂地带,由原始畜牧过渡到定居生活,在地上立木打桩筑台,上架木为楼,这便是"栅居"。七千年前,河姆渡文化遗址"栅居"已具备"干阑"建筑的雏形(图1-3-3、图1-3-4)。

图1-3-2　栅居建筑复原示意图

图1-3-3 河姆渡干阑建筑遗址

图1-3-4 水上栅居

"栅居"与"巢居"相比，可以获得灵活和较大的空间，可以不受林木限制，自由选择居住地点。"栅居"建筑结构以捆绑连接（图1-3-5），是体现人类有意识、有目的的建筑营构活动摆脱自然的一次飞跃进步，是人们可以自由选择适合生存的居住地点的开始，是为人们提供了从单个居住向集群聚合、共同生活的可能。因此"栅居"虽然是早期干阑式建筑发展的低级阶段，然而在建筑史上却具有划时代意义（图1-3-6、图1-3-7）。

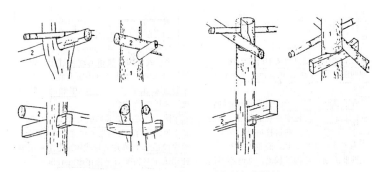

图1-3-5 "栅居"建筑结构的捆绑连接

图1-3-6 广东茅岗栅居复原图

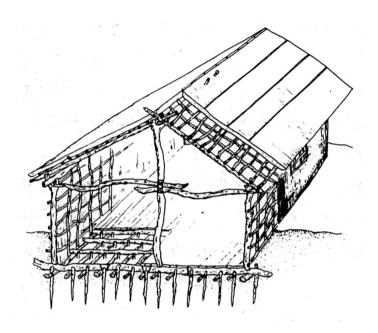

图1-3-7　四川成都十二桥殷代木构建筑复原图

1.3.3 "干阑"以卯榫取代绑扎－技术飞跃兴盛传播期

寻找干阑建筑的历史遗迹和文化脉络是研究干阑建筑源流和发展最重要的线索之一。干阑建筑在我国最早距今约长达9300多年，如果说木构架建筑是中国古代建筑主流，那么，浙江余姚河姆渡干阑木构则为华夏建筑文化之源（图1-3-8）。1976年，在长江下游地区的浙江余姚河姆渡村，发现了我国最早、最重要的干阑建筑遗址，它距今约六、七千年，是我国已知的最早采用榫卯技术构筑木结构房屋的一个实例。

新石器时代的河姆渡文化以及马家浜文化和良渚文化的许多遗址中，发现的榫卯木构件及"长脊短檐"式屋顶等，以卯榫取代绑扎，柱直接搁置在地面上或础石上，代表着新石器时代的建筑水平和建筑技术的发展进步。由于卯榫技术的发展，使结构组合更加稳固，它比栅居更加先进优越，形成名副其实的干阑。河姆渡遗址出土许多桩柱、立柱、梁、板，有加工成的榫、卯（孔）、企口、销钉等木建筑构件，这些构件显示出当时木作技术的杰出成就，河姆渡遗址的木构营造技术，为中国后来的木结构建筑打下了基础。

此外在新石器时代中国的河姆渡文化、马家浜文化和良渚文化的许多遗址中，还发现有埋在地下的木桩以及底架上的横梁和木板，这些也都表明当时已经存在有干阑式建筑（图1-3-9、图1-3-10）。"干阑"式建筑主要为防潮湿而建，长脊短檐式的屋顶以及高出地面的底架，都是为适应多雨地区的需要，各地发现的干阑式陶屋、陶囷以及栅居式陶屋，均代表了防潮湿的建筑形制，特别是仓廪建筑采用这种形制的用意更为明显。

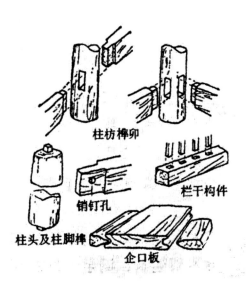

图1-3-8 余姚河姆渡干阑木构

图1-3-9 河姆渡干阑建筑遗址

图1-3-10　河姆渡遗址干阑式建筑复原图

1.3.4 穴居与巢居的汇合

从新石器时代起，中国的建筑已分为南北两大系，即"南巢北穴"。北方窑洞是远古穴居的一种遗存，而散布于中国西南山区的干阑木楼民居，则是最古老、最原生的巢居体现。[晋]张华《博物志》："南越巢居，北朔穴居，避寒暑也"。《太平御览》卷七八引项峻《始学编》说："今南方巢居，北方穴处，古之遗迹也"。这都说明巢居可能起源于南方，与北方的穴居不是时代先后的问题，而是客观环境不同而作出的不同选择。

如果说，我们祖先自己动手搭建的木结构房屋（图1-3-11）是由天然洞穴－半洞穴－地面居住的过程，它呈现出由低到高、向地面接近的趋势（图1-3-12）。那么，干阑建筑发展阶段，由天然大树－巢居－原始干阑－各种地面干阑民居，却表现出由高干阑向低干阑，再向栽桩式、打桩式的地面建筑发展，以至最终也发展成为地面建筑（图1-3-13、图1-3-14）。

图1-3-11　干阑式木构建筑　　　　　图1-3-12　天然穴居建筑

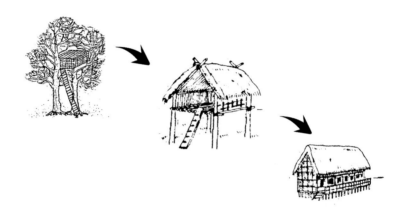

图1-3-13　干阑建筑的发展由高到低

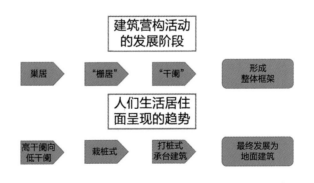

图1-3-14　干阑建筑的发展序列

　　由此我们可以看出：无论是穴居或巢居，它们随人类的进步、人们的生活居住面都呈现出向地面接近的趋势（图1-3-15）。因此，干阑建筑与北方的穴居体系同为人类历史悠久的古老建筑文化。

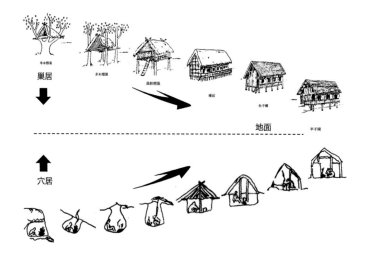

图1-3-15 穴居与巢居的发展序列

　　干阑建筑在我国西周时期遗存中就有发现。1957年在湖北蕲春县毛家嘴3个水塘底部发现了木构建筑残迹，木构建筑遗迹的范围在5000平方米以上。与此相类似的木结构建筑遗迹，在毛家嘴西北4公里左右的地方和荆门县车桥附近也有发现，说明西周江汉地区的早期建筑中，干阑建筑颇为流行（图1-3-16）。

图1-3-16 毛家嘴干阑建筑遗址

秦汉时期华夏地区建筑各有特点。北方的草原牧民居穹庐，中原地区农舍多为草屋泥舍，南方则因气候潮湿，建筑沿用新石器时代至西周时期的干阑式，用短柱将整个房子架起来，上层居人，下层饲养家畜。它是由树居和巢居演变而来的原始干阑，是古代百濮和百越两大族群为适应潮湿多雨气候、防止虫蛇侵害而常用的一种简单居住建筑形式。它们可以从晋宁石寨山、江川李家山等地的遗址或出土文物中得到佐证。

云南晋宁石寨山3号墓出土物与江西清江营盘里新石器时代遗址出土的陶制干阑建筑模型的屋顶，代表了干阑建筑的原始形式（图1-3-17）。

图1-3-17　云南晋宁石寨山滇墓铜屋宇饰物

广东、广西、湖南、四川和贵州等省的东汉墓葬中，也发现许多陶制的干阑式建筑模型，但圆形陶仓则是穹窿顶，表明这些地区建筑的基本形式已经汉化。由此可见，干阑建筑的历史遗迹和源流也应是中国建筑发展史的组成部分（图1-3-18）。

图1-3-18　汉代陶屋示意图

贵州省博物馆收藏有赫章县出土的东汉干阑建筑陶质模型，将其与都柳江流域的苗族和水族干阑建筑相比对，可看出它们之间的某种关系，两者都不失为建筑文化史的珍贵实物资料（图1-3-19、图1-3-20）。

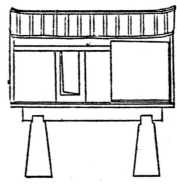

图1-3-19　贵州省赫章县出土的东汉干阑建筑陶质模型

图1-3-20　贵州都柳江流域的干阑建筑

1.3.5　整体结构体系形成

随着干阑建筑构架的进一步完善，干阑的下部支撑结构和上部庇护结构呈整体结构构架的形式，即以上下贯通的长柱取代下层短柱的栅居。所以可以这么说，整体框架是在栅居基础上发展起来的一种结构类型。于柱的上部凿四面榫眼，用枋穿连成排，增加了纵向的"穿"以后，整体性能大大加强，形成干阑建筑的整体结构构架。

中国近代的干阑式建筑，最典型的应推遍布于云南西双版纳地区的傣家竹楼。傣家竹楼除柱子、楼架用坚硬的橡木外，其他各部分均以竹子为材。用竹板铺成楼板和墙壁，屋顶铺草。竹楼开门的一侧，有走廊和晒台。晒台称作"展"，是傣家竹楼的重要组成部分，是晾晒衣裙、乘凉休憩、梳妆刺绣、洗漱聊天的场所。竹楼呈正方形，分上下两层，上层住人，这样可以达到避潮、通风效果，很大程度上躲避虫蛇之害。楼下空间用以当作牲畜圈、碾米房、杂物间等。临河的山坡建干阑式住宅，不论坡度多大，平台仍可保持水平。远远望去，一排排木柱凌空，一座座竹楼倚山而建，挺拔峻峭，十分壮观（图1-3-21、图1-3-22）。

图1-3-21　云南傣族干阑式竹楼

图1-3-22　云南傣族干阑式竹楼群

干阑式建筑主要应为防潮湿而建，长脊短檐式的屋顶以及高出地面的底架，都是为适应多雨地区的需要，对于平坎少、地形复杂的地区，尤能显露出其优越性。各地发现的干阑式陶屋、陶仓以及栅栏式陶屋，均代表了防潮湿的建筑性质，特别是仓廪建筑采用这种形制的用意更为明显。正因为干阑建筑的这种特点，所以自新石器时代出现以来，在中国南方湿热地区一直延续至今。

我国著名古建筑专家杨鸿勋先生指出，干阑式建筑促成了穿斗式结构的出现，并直接启示了楼阁的发明——提高地板(居住面)，并利用了下部空间，最终导致阁楼与二层楼房的形成。

当今，当人类正向地下、海洋、上空扩展的时代，回顾干阑建筑已往的发展进程，仍可得到有益的启迪。

干阑建筑历史进程与演变发展　表1-3-1

时代	历史进程	演变发展	重要意义
旧石器时代	架木结茅	巢居（樬居）形式	人类营造活动开始
新石器时代	立木、树桩、筑台	栅居形式	由原始畜牧过渡到定居生活
河姆渡文化	榫卯取代绑扎	形成名副其实的干阑	建筑技术的一次飞跃，干阑兴盛传播
战国、秦汉、三国、魏晋南北朝时期	长柱取代短柱，纵向增加"穿"，建筑整体性得到加强	整体架构	成为南方主要建筑形制
隋、唐、五代、宋、元、明、清晚期	南方干阑与北方木泥优势综合成为建筑形制的主流	地居式木构建筑，干阑残痕难辨	干阑发展停止
木构建筑成为汉式正宗建筑体系			
注：民族征服与迁徙扩大，百越民族逐撤大陆平台，退居今日南洋群岛，其他民族则从江汉洞庭一带进入我国西南，也有迫迁日本或东南亚，这对干阑的分布起到重大作用。			

1.4　中国南方－东南亚干阑建筑文化圈

干阑式民居分布十分广泛，一般说，在水泽、山地、森林，且气候比较湿热的地方，都是适宜干阑建筑分布的地区。其分布包括我国古代南方百越族群的大片聚居区域、中国西南地区、还包括中南半岛大部分地区和岛屿，以及日本等地区都有分布。由于地理环境和文化因素的作用，共同构成了一个干阑建筑文化生态圈，基于这一认识，这里我们就将其称之为"中国南方－东南亚干阑建筑文化圈"。这一文化圈可以认为是由中国南方干阑建筑文化区和东南亚干阑建筑文化区共同构成。

"中国南方－东南亚干阑建筑文化圈"的地理区划概念，包括两大部分：一部分即中国南方及东南亚大陆部分，包括中国大陆长江流域以南及西南直到中南半岛马来西亚南端，东起中国南海沿岸，西至缅甸伊洛瓦底江这一广阔区域；另一部分则是东南亚岛屿部分，包括中国的台湾、海南岛，以及菲律宾、印度尼西亚、马来西亚的沙捞越及苏门答腊，甚至还可延伸至琉球群岛及南太平洋的部分岛屿。

之所以要做这样的划分，并不是要深入到文化圈的研究，而是因为在这样一个范围广阔的文化圈大区域内，存在着许多相同和相似的生境背景，在这样的生境背景下，我们可以比较清楚地看出，干阑建筑文化特质都是伴随其周围的生境环境而存在，也就是为了进一步阐明一个观点：干阑建筑文化特征总是在一定自然环境和社会条件的影响支配下形成、演变和发展的。因此将它们置于同一自然文化生境之下进行比较，更有利于我们正确认识干阑建筑文化在各个局部地区之间有着共性与个性的差异。因此干阑建筑文化圈内的特殊文化构成，也必然反映到干阑建筑上，从而展现出独具特色的中国南方－东南亚干阑建筑文化。

中国南方－东南亚干阑建筑文化的总体特征应该归属于东方建筑文化系统，而其固有地域文化的强大生命力，又赋予它以明显的地域个性。不过，不同区域的干阑建筑在它们的身上，仍然残存着一些中国早期干阑建筑的影响痕迹（图1-4-1）。

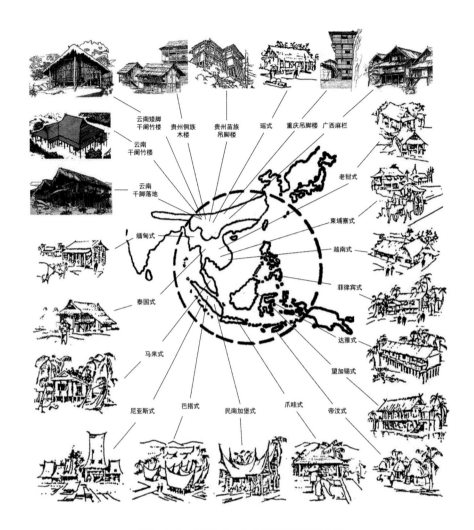

图1-4-1 中国南方-东南亚干阑建筑文化圈

1.4.1 中国南方干阑建筑文化

就中国而言，干阑建筑源远流长。从考古学资料以及学术界一般认为，在新石器时代，古代中国南方的长江中下游及珠江中游流域的水网地区，是干阑建筑最早的发祥地。干阑建筑之所以能更多地分布在南河谷平原或是山坡腹地，其主要原因就在于它能适应和满足人们的居住需求，比如适应多雨、潮湿自然环境的需要，在水域河网地区可防止洪水泛滥，在杂草丛生的山区可以防御蛇虫猛兽侵袭，在起伏多变的地形情况下营建更为方便等多方面要求。

自新石器时代起，这类建筑主要分布在中亚热带、亚热带和热带季风气候的中国南方，包括长江流域及其以南的广西、贵州、云南、海南岛、台湾等地区，尤以河网湖沼地区最为普遍，形成一个所谓的"栅居文化"中心。

古代干阑式民居分布十分广泛，遍及我国南方百越族群的大片聚居区域。嗣后，随着历史的演进和社会经济文化的发展等各种原因，特别是随人口的大量迁移而改变了分布状况。干阑建筑亦进入到山区，在云南、贵州、四川境内均有流行，此间，干阑建筑反而在长江及珠江中上游流域的西南山区完整地保留下来，成为南方族群的主要民居形式。

干阑建筑起源于中国南方，不仅因为南方气候湿热、虫兽活跃等因素，还有一个很重要的原因是在于干阑建筑取材的现实方便。南方水土、气候、温度利于多种林木的生长，干阑建筑的长期稳定当然与这些地区有丰富的林木资源分不开。中国南方的民族，千百年来长期采用干阑建筑，这是表明南方的人地关系以及文化自然相互平衡的结果，而且存在有一个长期稳定的状态，使得干阑建筑的传承具有一个坚定良好的生态环境基础。目前干阑式民居在西南地区的云南西部和西南边境，尤其以贵州黔东南以及桂北、湘西等地区少数民族的干阑建筑最为典型，成为今天尚存的这类建筑形态的遗脉（图1-4-2）。

虽然古代中国南方干阑建筑没有实物保存下来，但从出土文物可窥见其形态。各地还有一些发现的干阑式陶屋、陶囷以及栅居式陶屋、带有长脊短檐式的屋顶以及高出地面的底架，都能体现干阑建筑为防潮湿而建，足以证明干阑建筑是适应这些自然环境的建筑形制。

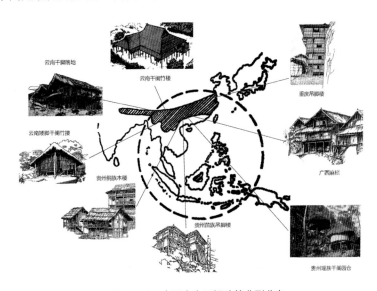

图1-4-2 中国南方干阑建筑典型分布

图1-4-3　东汉干阑建筑陶质模型　　　　图1-4-4　广东广州干阑仓

　　贵州省博物馆收藏有赫章县可乐出土的东汉干阑建筑陶质模型，是我们能够看到的贵州最早、最完整的干阑建筑的原型。这座干阑屋上层住人，前为敞廊，后为居室。正中开有单扉门，前壁有刻线窗，敞廊处一方形的立柱，下有柱础、柱顶为人字拱支承檐枋。廊沿左右两侧有护栏。整座房屋由四根方形柱支承，房屋下面为架空支座层。这座陶泥干阑房屋模型是古代南方少数民族普遍采用的干阑房屋的最好历史见证（图1-4-3）。此外，从广东广州干阑仓（图1-4-4）、云南晋宁石寨山古墓群出土青铜屋宇（图1-4-5）、云南祥云大波那春秋墓出土的木椁铜棺（图1-4-6）、四川成都十二桥殷代木构建筑遗址（图1-4-7）等中可以看出，中国古代南方民族，不但生前使用干阑建筑，并且他们希望死了之后还能继续享用这种房屋。这些出土文物，都是中国南方干阑建筑文化的佐证。

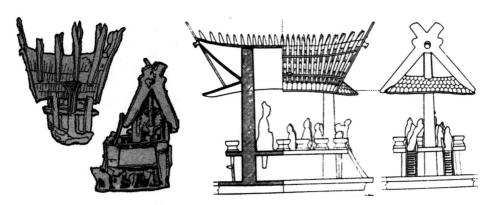

图1-4-5　云南晋宁石寨山青铜屋宇

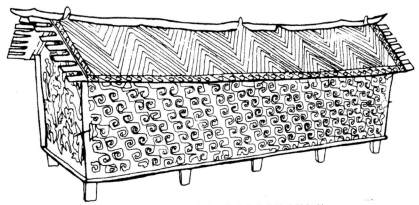

图1-4-6 云南祥云大波那春秋墓出土的木椁铜棺

图1-4-7 四川成都十二桥殷代木构建筑遗址

1.4.2 东南亚干阑建筑文化

干阑建筑并非只在中国南方所有，从全球角度看，它还较集中地分布在东南亚及整个环太平洋地区，成为东南亚干阑建筑文化生态的重要组成部分。

东南亚是一个具有多样统一性的地域。大陆与岛屿并存、山地与平原同在是其地理特点。亚热带与热带气候逐渐过渡的自然条件，加上频繁的民族迁徙和各民族之间的文化交往，构成了多样的生活模式及多彩的民族文化。

东南亚其中有一部分地区和我国西南地区大体上处于同一自然地理环境之中，它们包括处于中亚热带、亚热带和热带季风气候的越南、老挝、柬埔寨、缅甸北部、泰国等中南半岛大部分区域。此外，还有另一部分属于热带雨林气候，包括缅甸、泰国的沿海地区，还有马来西亚、新加坡、文莱、印度尼西亚、菲律宾等半岛及岛国，这些地区均有干阑建筑分布。

随着民族征服和迁徙的扩大，战国、秦汉至魏晋南北朝，干阑建筑在南方发展臻于高潮，甚至于影响到北方和海外。特别是在秦始皇灭楚与开拓岭南、汉武帝灭东越和南越的时期，南方百越民族遂撤离大陆，并经历若干次迁徙而退居南洋群岛。苗、布依、壮等其他一些民族则从江汉、洞庭一带进入广大西南地区。自此开始，干阑建筑不独在我国长江中下游平原湖泽地区，也因被迫迁徙，使其随之流传到东南亚等地区，日本所谓的高床住居亦属此种类型（图1-4-8）。

图1-4-8　日本高床建筑及仓房

虽然东南亚的中南半岛大部分和我国西南地区的干阑建筑具有一定的共同之处，但由于民族、经济、文化等因素，以及各区域的干阑建筑文化相互独立而又相互影响，造就了干阑建筑类型多样、风姿多彩的不同地域文化特色。直至今天，东南亚一带为适应潮湿多雨的自然环境，还较盛行栅居及干阑建筑。在这一带，不仅在中国，而且在东南亚、乃至琉球群岛以及日本等地区都可能见到一些"长脊短檐"特征的干阑屋顶，还有一些体现对船、鸟、牛的崇拜和信仰。这些都体现了特定的地理环境对生成建筑文化的影响，以及映现出适应不同气候条件下地区特有的自然和建筑形态，凸显有"和而不同、与自然和谐共生"的干阑文化特性和精神特质（图1-4-9）。

图1-4-9　东南亚干阑建筑文化

　　通过以上简单表述，由此我们可以对"中国南方－东南亚干阑建筑文化圈"略有一个基本的概念，同时也可以看出，干阑建筑文化既受地理、气候、植被的影响，又受民族信仰、观念的影响，还与资源的索取以及生产生活、历史渊源、其他文化密切相关。因此，干阑建筑文化是一个包含有丰富的自然生态和人文生态的文化现象，它不仅反映地区的民族区域特征，也成为干阑建筑区别于其他建筑文化的个性标志（图1-4-10）。

图1-4-10　东南亚半岛干阑建筑文化形式

1.5 干阑建筑文化圈的生境结构

建筑文化特征都不能脱离其周围的背景而存在，它总是在一定自然环境和社会条件的影响支配下形成。干阑建筑文化也有着特定的背景，构成特定背景的因素很多，主要还是与其所处的地理环境、生态环境、民族地域文化背景以及技术发展水平等因素有着密不可分的联系（图1-5-1）。

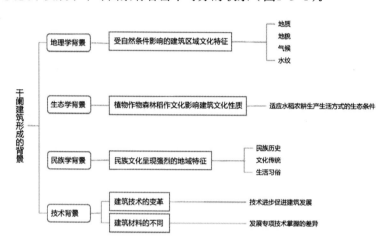

图1-5-1 干阑建筑的形成背景

民族学资料表明，东南亚地区的许多民族，都不同程度地与我国西南地区的部分少数民族有某些关联。从实际情况看，由于种种历史原因，直到晚清时期，还不同程度地保存着早期社会的部分残余，并且在他们的建筑上反映出来。

1.5.1 地理环境不同对干阑建筑的影响

地理环境的差异对物质生产方式的影响一定会反映在文化的区域特征上。中国南方-东南亚干阑建筑文化圈的地理生境大多处于中亚热带、亚热带和热带季风以及热带雨林气候的自然环境，即适宜干阑建筑分布的水泽、山地、森林和气候比较湿热的地区。

一般认为，文化是地理环境与人文因素的复合体，地理环境可以为文化的发展提供多种可能。即在相似的地理环境中，会有不同的文化类型，或是在不同的地理环境中，会有相同文化类型的情况出现。干阑建筑与地理环境之间也同样存在着这种关系。

中南半岛是东南亚的一个半岛，因为处于中国南方，中国译为中南半岛。主中南半岛气候湿热，植被繁茂，半岛的主要河流及山脉为中国所延伸过来，故有"山同脉，水同源"之说。

从中国南方-东南亚干阑建筑文化圈的分布中可以看出其地理背景的基本情况是：区域地势自北向南、由高原向平原地带过渡；区域气候状况是自北向南，即由中国西南和中南半岛大陆的中亚热带季风气候向东南亚岛屿的热带雨林气候逐渐变暖。由于这种自然地理环境变化的影响，也反映在干阑建筑文化上。

因此，地理环境所提供的条件，为不同民族如何利用和创造独具特色的建筑文化类型提供了可能。我们可以直观地感受到中亚热带、亚热带和热带季风气候的云南、贵州黔东南、桂北的干阑建筑文化类型和中南半岛及诸岛屿的干阑建筑文化类型存在的差异性，这就在于所处自然地理环境不同带来的结果。

1.5.2 自然资源分布对干阑建筑的影响

促使干阑建筑产生的因素很多，诸如地面不易清理，难以防御虫蛇猛兽；炎热多雨的天气，使山谷产生瘴气，同时大部分的土地潮湿，不适于居住；地形起伏变化，平坦地区比例过小，不利于营建；湖泊、池沼过多，群居不太方便，而在水中或沼泽中的住屋，可防止敌人和猛兽的侵扰等，这些都是干阑建筑产生的原因，不过，最重要的是在于这些地区有着富饶的林木。可以认为干阑式建筑是人类主动创造出来的一种居住建筑形式。

植物、作物与人类的发展密切相关，尤其是它与自然地理环境相互关系而产生的文化影响作用。中国南方的民族千百年来长期采用干阑建筑，表明中国南方的人地关系及文化自然的互动平衡有一个长期稳定状态。人地关系平衡，对干阑建筑影响极大。在中国南方有丰富的森林资源以及各族人民传统的植树育林技术，为干阑建筑的传播和传承提供了一个坚实的资源背景，这是干阑建筑最基本的生态环境条件。

自然材料资源的分布是不平衡的，它有着明显的地区差异性，并且还表现出各自的优势和劣势。不同材料的运用，决定着不同的结构方式，不同的结构方式又决定着不同的建筑形式。干阑建筑、干阑建筑文化天然地需要一个良好的自然生态环境作为它的物质性依托，而人地关系、文化和自然的互动平衡又是通过诸多要素构建起来的。

中国南方-东南亚干阑建筑文化圈，所处的中亚热带、亚热带和热带季风以及热带雨林气候的自然环境，为干阑建筑文化的孕育和发展提供了得天独厚的生态资源条件。其区域特征是生态界面活跃、景观要素变化迅速；植物种类及群落结构复杂，有着生态多样性特征，景观异质性强；相邻生态系统的物种具有屏障作用等。这些因素都为一个稳定的、活跃的、丰富的良性生态环境奠定了基础，它们是干阑建筑文化生存的理想生态环境，这些自然材料资源从而影响着这一地区的干阑建筑文化。

1.5.3 民族文化差异对干阑建筑的影响

每个地域的建筑文化，一定是居住在这个地域的各民族文化的复合体。每个民族都有其特定的文化，不同民族由于生活习性与居住地域不同，加上材料情况的影响，也自然表现出对不同专项技术掌握的差异，更是由于民族迁徙发生的变化，以及邻近民族之间相互影响，在民族学背景前，展现出多姿多彩的形态。

中国古代南方的氐羌、百越、苗瑶、百濮四大族系创造了干阑式建筑。在漫长的历史演进中，四大族系逐渐分流演化成今天仍然生活在我国西南乃至东南亚地区诸多的少数民族，它们在语言系属上大致可分为四类：①汉藏语系藏缅语族彝语支，包括哈尼、彝、拉祜、藏、白、纳西、傈僳、普米、景颇、阿昌、羌等民族；②汉藏语系壮侗语族壮傣语支，包括壮、傣、侗、水、布依、毛南、仫佬等民族；③汉藏语系苗瑶语族苗瑶语支，包括苗族和瑶族；④南亚语系孟高棉语族布朗语支，包括布朗、佤、德昂等民族和克木人。这四类语系中的各单一民族，都是氐羌、百越、苗瑶、百濮四大族系的后裔，他们的民居都采用了干阑建筑。但由于各民族历史背景、文化传统、生活习俗各不相同，因而又形成许多各具特色的建筑风格（图1-5-2）。

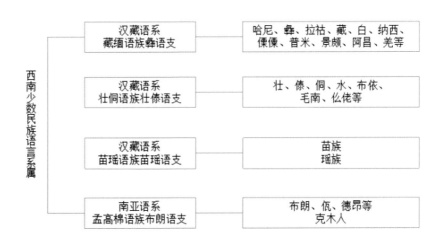

图1-5-2 西南少数民族语言系属

氐羌族群随畜迁徙，其民且耕且牧、以农牧业为主，需彪悍尚武，干阑建筑文化带有牧歌气息和高原气质。

百越后裔种类繁多，成为今天的傣族、壮族、侗族、布依族、水族和毛南族先民的一部分。从历史上看，中南半岛的泰、佬、岱、侬等民族也与百越有着渊源关系。百越族群为稻作民族，以水稻农耕为主业，惯居平坝，常住水滨，其建筑大多以干阑建筑为主，楼上住人、楼下圈畜贮物的格局。

苗瑶族群的成分较为单纯，主要是苗族和瑶族。从族源上溯，和远古时代的"九黎"、"三苗"、"南蛮"有着密切关系。因为争战失势等原因，苗瑶族群开始了长达几千年的大迁徙。迁徙的结果导致今天的苗瑶民族居住分散在两湖、广西及云、贵、川地区，甚至中南半岛的越南、老挝、泰国、缅甸皆有居住。然而贵州黔东南又是苗族最为聚集的地方。苗族因处于刀耕火种的状态，为典型的山地民族。苗寨多半建在傍山凭险的地带，有些还建在山梁或山顶，形成苗族干阑建筑文化的人文景观。

百濮族群属南亚语系孟高棉语族，最早居住在云南南部地区，后分化出德昂、佤、布朗等民族，有些民族后来逐渐南迁进入东南亚地区。百濮族群以耕田为业，居住干阑，而成土著。云南本土百濮族群原住民的德昂族和佤族，其干阑建筑的屋面两端呈弧形状，体现民族对葫芦、崖洞或竹筒等所共同含有的"圆"形的抽象表达，是自身民族文化产生的民族心理在建筑形态上的反映。

　　中国南方-东南亚干阑建筑文化圈的民族众多，再加上长期所处特殊地理环境，特殊社会发展历史，造成各民族社会经济发展的不平衡，这种不平衡状况使得各民族长期存在较大差异，从而影响着各民族传统干阑建筑民居形式的多样化和建筑文化多层次、共时并存的差异性特点（图1-5-3~图1-5-10）。

图1-5-3　傈僳族"干脚落地"

图1-5-4　瑶族"叉叉房"

图1-5-5　瑶族圆仓

图1-5-6　侗族干阑建筑

图1-5-7　苗族"吊脚楼"

图1-5-8　布朗族干阑

图1-5-9　德昂族干阑竹楼

图1-5-10　佤族"木掌楼"

1.5.4 经济技术的限制对干阑建筑的影响

经济技术因素是影响传统聚落和居住建筑形式发展演变的重要因素，技术是实现特定目标的手段，也是加速社会文化发展的动力。干阑建筑的发展，同样也是受经济技术水平的限制，换句话说，干阑建筑的发展与一定的经济技术水平相适应。

影响干阑建筑技术发展的因素很多，诸如材料的出产直接左右干阑建筑技术的发展，民族迁徙在一定程度上促进技术的发展，加工工具的先进与否也制约着技术水平的进步等，它们对干阑建筑的发展都会产生影响，会起到制约作用。

就经济而言，即是同一个民族的住户，由于财力不同建造的房屋质量还是存在较大差异的，这与家庭的经济财力直接相关。就技术而言，建筑形式的发展演变，代表了一连串的技术渐进发展与进步。例如百越民族久处南方，喜居干阑式住宅，又由于盛产竹、木，故在这两项材料技术上比较精细。更明显的是，把两个独立的木构件用榫卯或企口的构造方式，比起用藤条、绳子捆扎来说，显然，榫卯结构要结实得多，这是建筑工艺技术上最具有革命性的一次飞跃。从似乎还带有巢居痕迹的早期干阑式建筑，直至后来逐渐向成熟的楼居形式发展，人们在不断寻求更为理想的居住环境，这在人类居住史上无疑都是技术进步带来的重大变革。

从上述"中国－东南亚干阑建筑文化圈"主要生境背景的分析中我们可以比较清楚地看出，干阑建筑文化特征都不能脱离其周围的环境而存在，干阑建筑文化特征总是在一定自然环境和社会条件的影响支配下形成、演变和发展的。在我国长江流域以南及西南地区和东南亚热带雨林气候的诸岛的干阑建筑，它们都有着特定的背景，构成其特定背景的因素很多，主要还是与其所处的地理气候环境、自然生态资源、民族地域文化背景以及经济技术发展水平等因素有着密不可分的联系，并且它们对形成干阑建筑的分布形态有很大关系。同时可以看出，干阑建筑文化还受复杂而丰富的其他生境结构的影响，诸如信仰和观念的影响、生产生活的影响、及至历史渊源及其他外来文化的影响等。因此，干阑建筑文化实际上就是包含着层次丰富的自然生态与人文生态的文化现象，"中国南方-东南亚干阑建筑文化圈"的生境，就是体现干阑建筑自然生境和文化生境的文化现象。

1.6 本章小结

1.远古的"巢居"与"穴居"同为人类最早的原始居住形态,从新石器时代起,中国古代的建筑已分为南北两大系,南方巢居和北方穴居,巢居-干阑建筑,穴居-窑洞建筑。这两种构筑方式,各自都延续着有生命的原始形态而不断演进。而且随人类的进步,两者的生活居住面都呈现向地面接近的趋势,因此两者都是人类历史悠久和古老的建筑文化遗产。

2.干阑建筑演变发展经历由"巢居"—"栅居"—"干阑"的漫长过程。从干阑建筑发展历程,体现了人类营建活动的发展与进步。随干阑建筑构架的进一步完善,当下部支撑和上部庇护结构形成整体构架后,进一步加强了干阑建筑整体结构性能。

3."干阑建筑"能够在南方地区广泛适应千年不衰,其生命力之强大在于有着赖以生存的特定生境背景,构成特定背景的因素很多,主要还是与其所处的地理环境、生态环境、民族地域文化背景以及技术发展水平等因素有着密不可分的联系。

4."中国南方东南亚干阑建筑文化圈"这样一个范围广阔的区划范围,正是由于存在着许多相同和相似的生境背景,在这种适宜的生存环境影响支配下,多少年来造就了文化圈内干阑建筑的形成、演变和发展,它构成了干阑建筑基本形态的共同性。

又由于民族、经济、文化等因素,加上长期所处特殊社会发展的历史,造成各民族社会经济发展的不平衡,这种不平衡影响着干阑建筑形式的多样化和干阑建筑文化的多层次、共时并存的差异性。因此,干阑建筑文化实际上就是包含着自然生态与人文生态的文化现象。

2 干阑建筑的结构体系

从带有巢居痕迹的早期干阑式建筑,直至后来逐渐向楼的形式发展,人们在不断寻求更为理想的居住环境,这在人类居住史上无疑是一个意义重大的变革。促使干阑建筑产生、发展和进步的因素很多,从考古资料和现实尚存的实例看,干阑建筑结构体系分为支撑结构和整体结构两大类。支撑结构是由架空的桩或柱等下部支撑构架和上部房架组成的结构形式,多用于沼泽、水网地带。整体结构则是将下部支撑和上部庇护结构柱上下串通,形成整体。

2.1 支撑结构

支撑结构是指下部支撑用四根、六根或更多的短柱或是密集排列的木桩为底架,形成底架和上部庇护结构组合构成的复合式构架形式。支撑结构类型包括巢居、栅居、井干等形式。从贵州省赫章县出土的东汉干阑建筑陶质模型可以看出支撑结构形式是较早出现的一种干阑建筑结构形式(图2-1-1、图2-1-2)。

图2-1-1 赫章县出土的东汉干阑建筑陶质模型

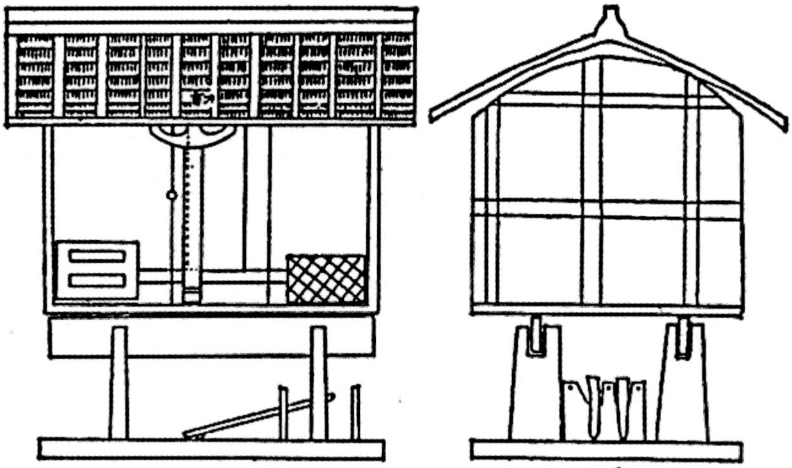

图2-1-2 贵州赫章可乐东汉干阑建筑模型

2.1.1 支撑结构之一：巢居

前人称在树上构筑的房屋为巢居。"巢"字来源于"木"，从"巛"为树上鸟巢中有三只鸟的象形。它大概是原始人类最早的居住形式和居住方式。《庄子·盗跖篇》谓："古者禽兽多而人民少，于是民皆巢居以避之，昼拾橡栗，暮栖木上，故命之曰有巢氏之民"。这段记载是符合当时的实际情况的，因此，巢居是在禽兽众多的环境条件情况下，人们赖以生存的主要居住形式。相对于穴居，它对于猛兽的抵御能力显然是要强得多。最早巢居的出现，可以说是避免禽兽侵袭，因此其防御功能占有重要地位。

据推测，巢居的形式大致有两种：一种是用树枝插在圆形平面的四周，然后将枝端集中挪扎在上方，形成尖穹状窝棚，称为"橧巢"；另一种是房子设置在树枝上称之"鸟巢居"（图2-1-3）。

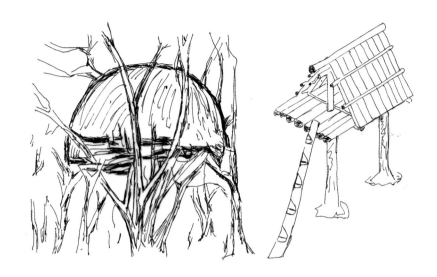

图2-1-3 "橧巢"和"鸟巢居"

2.1.2 支撑结构之二：栅居

如果说巢居是利用天然的树木来架设，那么，当受到缺乏天然树木客观条件限制的情况下，人们就采用在地面上埋设木桩的方式，取代天然树干支撑的巢居底座，这样使巢居发生了性质上的变化，这就是后世所称的"栅居"。

栅居在古代中国南方地区，是许多民族居住的一种类型，"依山则巢，近水则栅"，后来巢居逐渐为栅居所替代。僚人同时有这两种形式的住宅存在，两者同样都叫做"干阑"（图2-1-4）。

图2-1-4 栅居底座木桩

栅居凌空地坪的优点是可以减少对地面的处理工作，放火烧荒后就可以建房，而且满足居宅防潮抗洪的实际需要，也解决了南方气温较高而需通风降温的问题。栅居的出现，标志着人类建造住屋已经从被动依靠自然条件的可能形式，转向主动创造条件去建造理想住屋的阶段。为人类更为广泛地去寻求理想的居住环境，这无疑是一个重大的变革。栅居的类型有如下几种：

（一）桩基

以密集排列的木桩构成上部结构的底架，这些木桩中有些是起主要承重作用的，譬如浙江河姆渡遗址的木桩，一般直径在8~10厘米，最大的圆桩20厘米左右，最大方桩约15厘米×18厘米，密排板桩厚度约3~5厘米，最宽55厘米，一般桩木打入地下40~50厘米，主要承重的大桩打入地下约100厘米左右（图2-1-5）。

图2-1-5　河姆渡遗址的桩孔与木桩

这种类型的栅居多见于沼泽、水网地带，东南亚地区较为常见。此外，这种类型的桩基栅居也用于山地，如云南傈僳族、独龙族的"千脚落地屋"、云南沧源站佤族矮脚干阑"木掌房"等都属于此类。"千脚落地屋"是对其建筑外形和架空支柱的形象说明，也再次证明栅居也适应于缺少粗大木材的高山陡坡环境（图2-1-6、图2-1-7）。

图2-1-6　云南怒江地区干脚落地民居1

图2-1-7　云南怒江地区干脚落地民居2

（二）短柱

这一类型的栅居是用四根、六根或多根不到顶的短柱来支撑上部结构，短柱直接搁置在地面或础石上。短柱上端有加设联系构件形成底架，有在柱顶加置圆盘状顶盘，还有的在柱顶安放一根梁左右悬挑等形式，这些均属栅居的类型（图2-1-8）。

图2-1-8 景颇族矮脚竹楼结构

（三）井干

栅居的另外一种类型是其下部支撑结构既不是桩也不是柱，而是由原木纵横交错叠置而成的架空井干式结构。之所以将其列为干阑是在于其最基本特征是底层架空。譬如云南出土的文物晋宁石寨山青铜器即为下部支撑体为井干式结构的仓房（图2-1-9、图2-1-10）。

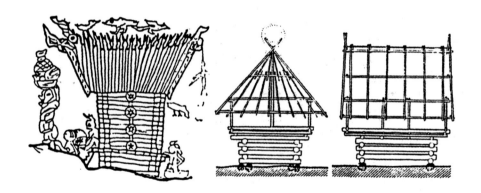

图2-1-9 云南晋宁石寨山青铜器贮贝器　　　图2-1-10 东南亚地区井干式栅居

从结构的角度看，巢居与栅居最大区别在于：前者利用天然树干作为下部支撑体，"栅居"下部支撑则是人工木桩。然后再在其上搭建篷架，构成上部的庇护结构，至于上部结构都大同小异（图2-1-11）。

支撑结构

支撑结构之一：巢居

支撑结构：底架和上部庇护结构组合成的复合式构架形式

支撑结构之二：栅居

图2-1-11 干阑建筑支撑结构

2.2 整体结构

整体结构是指干阑式建筑的下部支撑构架和上部房屋构架呈整体结构形式，也就是以上下贯通的长柱取代下层短柱的形式。整体结构是在栅居基础上发展起来的一种结构类型，又称为"整柱建竖"（将在第三章详述）。

由此可见，随着建筑技术的发展进步，干阑式建筑构架也经历由支撑结构发展到整体结构的演变过程（图2-2-1~图2-2-4）。

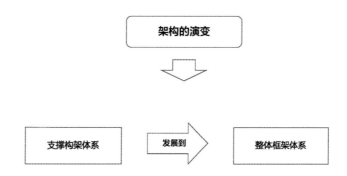

图2-2-1 构架的演变：由支撑结构发展到整体结构

图2-2-2 整体结构形式

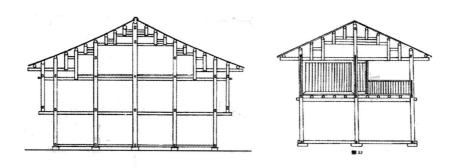

图2-2-3 整体结构——又称整柱建竖1

图2-2-4 整体结构——又称整柱建竖2

2.3 本章小结

1.干阑建筑的结构体系分为支撑结构和整体结构（图2-3-1）。

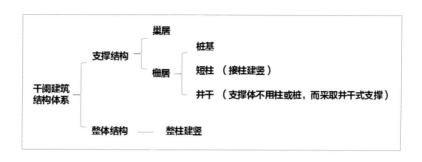

图2-3-1 干阑建筑的结构体系

2.支撑结构构架由架空的桩或柱等下部支撑结构和上部房屋结构组成的形式。

3.整体结构构架是将下部支撑和上部庇护结构柱上下串通，形成整体的构架形式（图2-3-2）。

图2-3-2 干阑建筑的结构——支撑结构与整体结构

4.从结构角度看巢居与栅居最大区别在于前者利用天然树干作为下部支撑体，后者的下部支撑则是人工木桩。

3 干阑建筑构架类型

干阑建筑的构架类型在不同地区有着不同的形式,这种不同形式很大程度上是受地域文化影响,且与民族习俗传承有关。但如何加强建筑构架整体性对于各种不同形式的构架都是适用的,它也是促进不同构架类型统一的因素。

3.1 干阑建筑构架的演变

早期干阑建筑构架,是以支撑结构为主导地位。此间干阑建筑构架的变化主要反映在上部的庇护结构上,直至整体结构成熟之后,其构架本身也发生了整体性变化,进而又促进结构体系的演变。

人们最早的遮风避雨形式当属"交叉斜梁式"空间。起初是用最简单的细长树枝拱成的半圆形篷架(图3-1-1),为扩大空间容量,进而改用两根树枝交叉,搭成三角形篷架空间,这也是最早的"人"字形构架空间形式,也有称之为"大叉手"构架(图3-1-2、图3-1-3)。贵州省瑶族的权权房就是典型的"大叉手",瑶族权权房保留有"人"字形大叉手构架的雏形(图3-1-4、图3-1-5);遂后为进一步扩大居住空间,将原来搁置在底架上的篷架用柱子或板壁顶起,开始形成屋顶的意识(图3-1-6);然而,这种屋顶形式如果坡度过缓,就不得不在脊梁下用一根短柱支承脊檩,从而形成"承脊柱"式(图3-1-7)。

研究干阑建筑往往从仓房建筑着手,这是由于在以农耕为主的古代社

图3-1-1 早期交叉半圆形篷架形式

图3-1-2 形成"人"字形构架形式

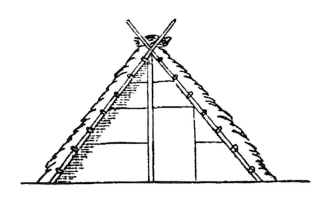

图3-1-3 早期交叉半圆形篷架形式

图3-1-4 瑶族人字形构架形式的杈杈房

图3-1-5 云南瑶族的杈杈房

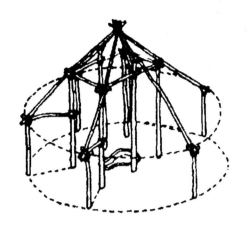

图3-1-6　扩大空间半圆形篷架用柱子顶起

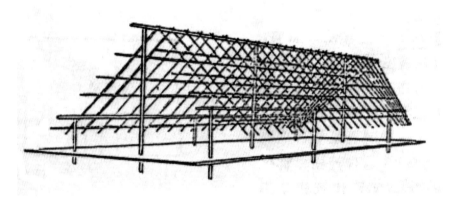

图3-1-7　屋顶形式过渡形成"承脊柱"式

会，粮食储存在人们生活中，历来都是至关重要的大事，而粮仓就成为人类营造活动的一个重要组成部分。古代早期仓房与住房建筑格局并无太大的区别，无论在形态上或是结构上都有许多类似之处，此间人们只是以有无火塘来判别是仓房还是居住建筑。随着人们对居住环境要求的提高，两者差别才逐渐拉大，居住建筑在各方面的进步都比较显著，仓房建筑则更多保留着固有特征。因此，这对于我们了解干阑建筑早期格局无疑是有帮助的。

我们对贵州黔东南都柳江畔沿岸村寨的调查发现，村寨内的大部分仓房为支撑结构形式，支撑结构的下部为短柱，短柱顶端置有圆形木板或鼓形陶坛，以防止野鼠或者其他小动物沿着柱子爬进粮仓馋食。仓房底板可以由不同材料铺设，为保持室内空气流通，底板留有一定的空隙。此外，仓房四壁以木板或芦草围合，上盖坡屋顶，这些仓房与早期的干阑建筑都有着许多相似之处（图3-1-8、图3-1-9）。

图3-1-8　黔东南地区仓房1

图3-1-9　黔东南地区仓房2

3.2　干阑建筑的构架类型

3.2.1　大叉手构架

大叉手构架是将顶部脊檩传来的荷载，由交叉椽支承的一种构架形式。它承受的两坡屋面的荷载是来自于密集细小的椽子以及起纵向联结作用的檩条，从而共同构成整片屋面。

大叉手构架在早期干阑建筑中占有主导地位，其缺点是构架的横向联系较薄弱。因此这种构架间隔设置有交叉斜梁，且斜梁下端固定在底架上时，将会提高构架的稳定性。此外大叉手之斜梁下端增加水平梁后，即具有三角形屋架的受力状况。因此也可以认为，三角形屋架是由大叉手构架演进而形成(图3-2-1)。

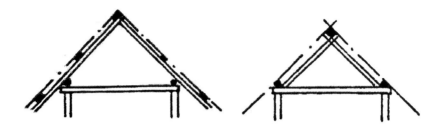

图3-2-1 大叉手构架与"人"字形屋架示意图

3.2.2 人字架

将大叉手的下端向内收缩，直接搁置在水平联系梁上，即成为人字架。这种构架类型除脊檩依然由人字架支撑外，其余的檩条已改由梁或柱来承托。调查中最常见的则是人字架加短柱的构架形式，较典型的案例如贵州从江巨洞寨的谷仓群(图3-2-2、图3-2-3)。

图3-2-2 贵州从江县巨洞谷仓（人字架）

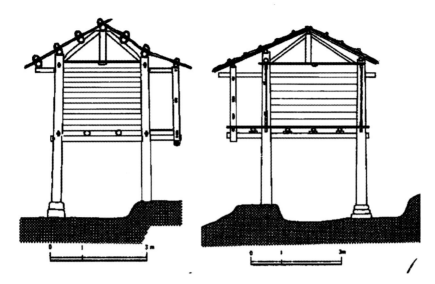

图3-2-3 贵州从江县巨洞谷仓剖面图（人字架）

3.2.3 柱承重构架

柱承重构架是利用立柱直接支承脊檩、檐檩或其他檩条，然后在檩条上铺设椽子而构成的一种干阑式房屋构架类型。根据承托檩条的位置不同，又分为"承脊柱"（支承脊檩)和"承檩柱"（支承檐檩或其他檩)(图3-2-4)。

柱承重构架具有施工简易的优点，但稳定性较差的缺点也很明显，多用于小型的谷仓。云南省拉祜族的粮仓采用柱承重构架(图3-2-5)，但现今单纯采用柱承重的构架的住屋情况已不多见(图3-2-6)。

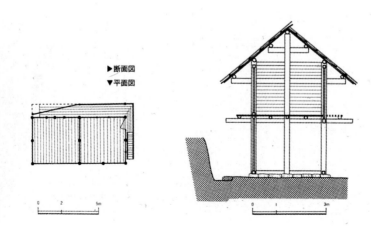

图3-2-4 "承脊柱"（支承脊檩)式和"承檩柱"仓房

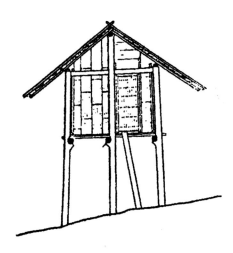

图3-2-5 拉祜族一室型高仓

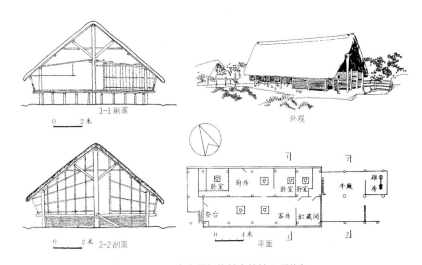

图3-2-6 云南省景颇族某宅的柱承重构架

3.2.4 承脊柱构架

此类构架最突出的一个空间特征就是它的中柱与边柱不是处于同一垂直面上，即支承脊檩的承脊柱和支承檐檩的承檩柱分别为两个承重系统。根据承脊柱具体位置的不同，又分为远离山墙式、紧贴山墙式、折中式等类型。这种构架形式的出现，或许与干阑建筑长脊短檐的屋顶形式有关联(图3-2-7~图3-2-9)。

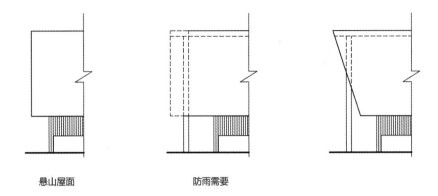

悬山屋面 防雨需要

图3-2-7 承脊柱构架的演变

图3-2-8 日伊势神宫主殿的承脊柱

图3-2-9 景颇族矮脚竹楼承脊柱

3.2.5 组合式构架

当房屋为多开间时，采用承脊柱构架就难以满足空间要求，因此必须在其他部位设置其他的组合构造方式，又根据屋架形式的不同，大致分为承脊柱加大叉手、承脊柱加人字架、承脊柱加蜀（瓜）柱（水平梁上立一短柱）等几种类型。

3.2.6 穿斗式构架

穿斗式构架是用一根横梁将边柱及中柱串联起来，纵向再用枋联系，构成一个简单的框架。随技术的进步，后来在此基础上进一步增加了纵向联系构件，柱子数量以及不落地的瓜柱数量也不断增加(图3-2-10、图3-2-11)，使其发展为整体框架。这种穿斗式构架的典型代表就是贵州侗族民居的"整柱建竖"(图3-2-12)和"半接柱建竖"(图3-2-13)。

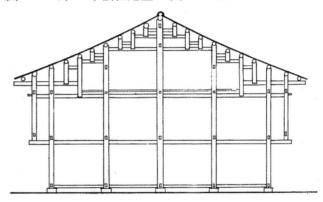

图3-2-10　瓜柱数量逐渐增加

图3-2-11　带瓜柱的穿斗式木架构

图3-2-12 整柱建竖图

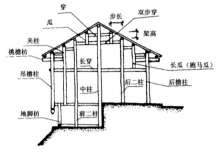

图3-2-13 半接柱建竖

由此可见，干阑建筑构架的演变进程，是由支撑构架逐步发展到整体构架(图3-2-14、图3-2-15)。

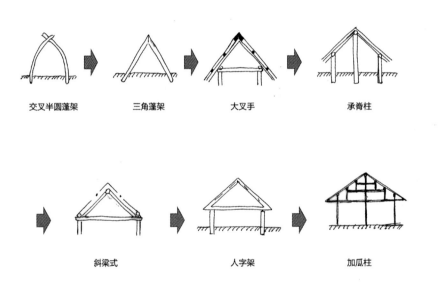

图3-2-14 干阑建筑构架的演变

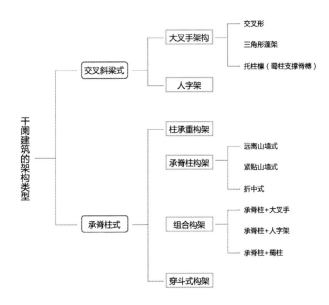

图3-2-15 干阑建筑构架类型

3.3 贵州干阑建筑构架的特殊性

贵州干阑建筑构架的独特性主要在于地域与民族习性的不同，加之区域内有丰富的林木。特别是贵州黔东南地区，干阑建筑的构架体系有其独特个性，从而使得该地区在木构专项技术方面，也与其他地区表现出明显的差异。

3.3.1 "接柱建竖"——支撑结构构架

当构架分别是由架空的桩或柱等下部支撑结构，与上部房屋组成的结构形式，称作"接柱建竖"。其下部构架的木柱是用四根、六根或更多的短柱作平台底架，平台上立柱建房。"接柱建竖"的干阑建筑上下柱是分开的。

例如贵州黔东南的一些侗族木楼，建造时先竖下层短柱，于短柱上部分别凿四面榫眼，并用枋穿连成排，再将几排串接竖立，即形成平顶的矮木架，于木架上铺以木板形成平台，再在平台上竖建房屋。或是将上部房屋的外柱下端凿榫眼穿入下层平台的穿枋，使上下两部分组合为干阑木楼的房架，这种房架叫做"接柱建竖"。"接柱建竖"在东南亚地区较为常见，至今在我国贵州黔东南地区也还能见到(图3-3-1、图3-3-2)。

图3-3-1 荔波瑶族接柱建竖

图3-3-2 贵州黔东南地区的"接柱建竖"

3.3.2 "整柱建竖"——整体结构构架

"整柱建竖"则是将下部支撑和上部庇护结构的柱上下串通,形成整体,属整体结构构架类型。

贵州黔东南传统侗族干阑民居中,较常见的还是"整柱建竖"穿斗式构架。"整柱建竖"的每根柱子都是整根的,木楼建造时,是用一根横梁将边柱及中柱串起来,在每根立柱的上、中、下部位分别凿有榫眼以木枋串联。立柱"上榫眼"的穿枋位于天花板部位,"中榫眼"的穿枋位于楼板部位,"下榫眼"又称"地脚孔",用于安上木枋以嵌固板壁。横向用三根、五根或七根柱串联,中柱最高,前后柱最矮,高柱与矮柱之间再加瓜柱,串联架梁,形成排架。再将排架用穿枋相互串联,得以两排、三排或四排构成一开间、两开间、三开间或更多开间的干阑式侗居构架。由于柱脚设置有水平穿枋,因此"整柱建竖"干阑构架很稳固。即便有一两根柱脚悬空,也不至于使房屋歪斜倒塌,因而整体结构构架比支撑结构有更多优越性。

早期干阑建筑构架的纵向联系都相对较弱,与柱子贯通的地板梁常常布置在横向,此时纵向联结一般仅借助于地板龙骨和檐檩。直至增加了纵向的"穿"以后,房屋整体性才大大加强。此时的"整体构架"同穿斗式构架已经大致相同。"穿"加强了房屋的整体性。

侗族干阑民居中最常见的是"五柱八瓜"或"三柱八瓜"屋架，多数屋架前后都有出挑，出挑尺寸为500毫米左右，吊柱下端做有雕花装饰。房屋为悬山式屋面，两侧山墙部位加披檐，形成貌似歇山式屋顶的形式，屋面多覆盖小青瓦。干阑木楼以三开间为主，也有五开间或更多开间乃至长屋的实例（图3-3-3~图3-3-5）。

图3-3-3 黔东南常见木架构

图3-3-4 雷山县郎德"整柱竖建"干阑建筑

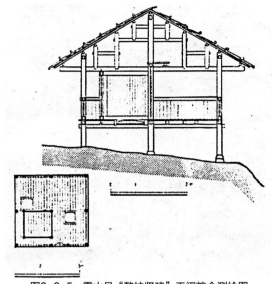

图3-3-5 雷山县"整柱竖建"干阑粮仓测绘图

3.3.3 "半接柱建竖"

另外还有一种较特殊的称为"半接柱建竖"。"半接柱建竖"的檐柱比较特殊，其底层立柱是与二层以上的檐柱层层分开，且二层以上的檐柱前后层层出挑并带有吊柱。除檐柱外，其余的中柱和全柱都为整根落地。

"半接柱建竖"构造多见于五柱以上的干阑木楼。接柱和半接柱构造，在二层以上的做法基本相同（图3-3-6~图3-3-8)。

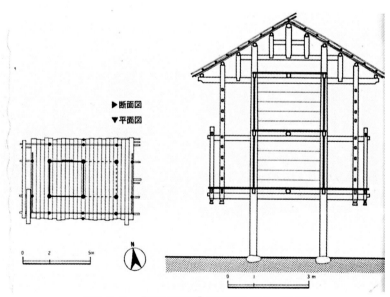

图3-3-6 "半接柱建竖"干阑粮仓平面、剖面图

图3-3-7 贵州"半接柱建竖"干阑建筑

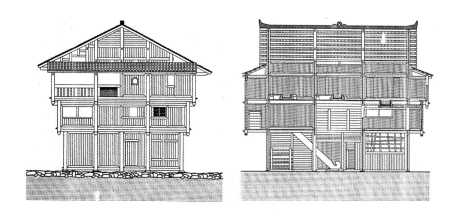

图3-3-8 从江县高增侗居立面图

3.4 干阑式与穿斗式民居的比较

干阑建筑是居住建筑的一种型制，也是我国西南民居建筑类型的重要组成部分。对于干阑式与穿斗式民居的区别，一直研究不够，也造成了干阑、穿斗两者建筑概念含混而造成对干阑的误识。正如有些同志见到马头墙就认为是徽派，见到木结构就是干阑建筑一样，全然失去了对地域建筑文化特征的正确认识。常有人问及干阑建筑与穿斗建筑区别的问题，然而多数研究者都认为凡是贵州苗族、侗族房屋有明确"底层"空间的木结构民居即为干阑式民居。这种回答并未能将干阑式和穿斗式建筑很好地区别开来。这里我们综合南方地区出土的汉代明器干阑式建筑的形象及贵州目前侗族、水族、瑶族等民居、粮仓等以及仍然残存的干阑做法，将干阑式和穿斗式民居做如下区分。

3.4.1 建筑型制与构架类型的区别

"干阑"是指房屋的建筑形式。"穿斗"是指房屋结构的构架形式。干阑建筑是最早的、原始方式的居住形态，它是一种下部架空、高出地面的一种建筑形式，具有通风、防潮、防兽等优点。

穿斗式建筑是针对房屋构架而言，穿斗式构架又称立帖式，是指该木构建筑的房屋构架采用的是穿斗式类型的木构架，而不是抬梁式、井干式等构架类型。

3.4.2 有无"支座层"的区别

干阑建筑特点是下部支座架空、离地而建，空间特征为上实下虚，也有谓之"悬虚构屋"。穿斗式建筑结构特征是房屋底层和楼层柱子上下相通，无架空支座层，承重柱子直接落地。

3.4.3 立柱上下贯通与否的区别

早期干阑建筑构架的支座柱与平台上部房屋立柱分开设置，互不贯通，且先建底层支座平台，尔后平台上立柱建房，支座平台和上部房屋结构共同组成房屋整体，属支撑结构体系，称"接柱建竖"。

穿斗式房屋底层和楼层立柱上下贯通，柱（或短柱）直接承檩，檩上布椽，屋面荷载直接由檩传至柱，承重柱子直接落地。

嗣后随着结构技术的进步，干阑建筑也出现下部和上部立柱上下贯通情况，此时的干阑建筑将形成整体结构构架，又称"整柱建竖"。

3.4.4 有"穿"无"穿"的区别

干阑式与穿斗式构架的又一区别是在于"穿"。干阑建筑无"穿"，房架立柱各自独立，互不贯通。早期的干阑构架，柱间联系都相对较弱，除与柱子贯通的地板梁呈横向布置，其纵向联结一般仅借助于地板龙骨和檐檩；穿斗式木构建筑有"穿"，横向立柱之间有"穿枋"串联，形成一榀榀房架，纵向由斗枋串联各房架，房屋形成一个整体框架。因此，"穿"是两者的又一区别所在。

在贵州地区的调查中发现，再整体构架体系的房屋，一般仅在上半部设置水平联系系统，而侗族木楼大多在柱脚之间还设置有水平地脚梁联系构件，使构架下部也形成稳固的整体。

3.4.5 营建的区别

干阑建筑是先由木桩构成底架，再在平台上立柱建房。穿斗式木构建筑是直接在地面立柱建屋。上下柱相通的吊脚楼称"半干阑建筑"，根据落地柱的多少可将其分为全吊、半吊以及角吊等形式。

3.4.6 各有特点

干阑建筑具有通风、防潮、防兽等优点，多用于沼泽、水网地带。穿斗式木构架优点是用料小，山面抗风性能好，整体性强；缺点是柱子排列密，只有当室内空间尺度不大时才能使用。

穿斗式不一定都是干阑建筑，干阑建筑有可能采用穿斗式构架。随建筑技术发展进步，干阑建筑也有是"整柱建竖"结构类型，从而使干阑建筑结构体系分为支撑结构和整体结构两类。整体结构是将下部支撑和上部庇护结构形成上下串通的长柱，取代下层是短柱的形式。此时，"整柱建竖"的干阑建筑有可能是采用穿斗式构架形式。

但要强调的是干阑建筑有可能是采用穿斗式构架，但并不意味穿斗式都是干阑建筑。因为只有下部支座架空的穿斗式才能称作干阑建筑，反之则不是干阑建筑（表3-4-1）。

干阑式与穿斗式民居比较表　表3-4-1

	干阑式	穿斗式
门类	是一种建筑形制	属房屋构架类型
空间形态	建筑下部有架空支座层	不架空
结构形式	早期干阑上下立柱分离后期出现"整柱建竖"	上下柱串通、承重柱直接落地
柱间联系	无穿枋（传统）	有穿枋串联
特点	通风、防潮、防兽	结构整体性强
称谓	干阑建筑	当下部有架空支座层时是干阑建筑，反之则不能称为干阑

3.5 干阑建筑房架构造

3.5.1 部件的称呼

贵州干阑建筑房架以"整柱建竖"的构架类型为主，房屋建筑的"构架"由"排架"、"开间枋"（横梁方向的横木）和"檩条"（横梁、檩木）构成，这里的"排架"也称"立帖"。是沿横梁方向的横木、横梁、檩木，反映大梁方向的柱、支撑、横木的组合。

"立帖"有各种各样的形式，其形式与柱子和短柱（叫"瓜"）的数量以及与有无垂花柱（称为"吊柱"）有关。苏洞的干阑住宅都是五柱式的，根据"瓜"的数量，分为五柱四瓜式、五柱六瓜式、五柱八瓜式。有"吊柱"的较多，这里分为前加式和前后都加式。当然，"瓜"越多，房屋梁的规模越大，"吊柱"给房屋增加了装饰性。

"五柱八瓜式"，即5根柱子与8根横梁采用穿斗式结构修建。沿大梁方向的柱子间隔称为"排"，面向梁断面的右边称为"东山"，左边称为"西山"。柱子，檩木通柱称"中柱"；侧面的通柱称"二柱"；侧面的柱，又分为楼上楼下，楼下侧柱称为"下檐柱"楼上侧柱为"上檐柱"；柱子的基础是石头基础，称为"垫地兜"；固定房屋外围柱子的横木称"地脚枋"；联系"中柱"、"下檐"、"二柱"的楼下横木称"千斤枋"；其余部件称呼如图3-5-1所示。

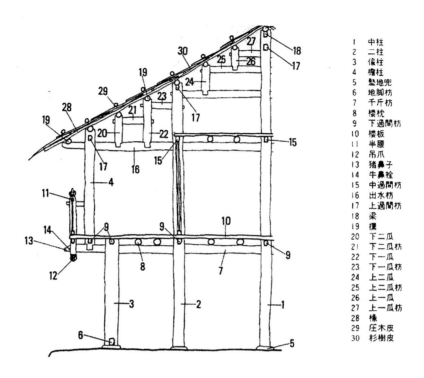

1	中柱	
2	二柱	
3	偏柱	
4	檐柱	
5	墼地兜	
6	地脚枋	
7	千斤枋	
8	楼枕	
9	下过间枋	
10	楼板	
11	半腰	
12	吊爪	
13	猪鼻子	
14	牛鼻栓	
15	中过间枋	
16	出水枋	
17	上过间枋	
18	梁	
19	檩	
20	下二瓜	
21	下二瓜枋	
22	下一瓜	
23	下一瓜枋	
24	上二瓜	
25	上二瓜枋	
26	上一瓜	
27	上一瓜枋	
28	椽	
29	庄木皮	
30	杉树皮	

图3-5-1 干阑建筑部件及名称

3.5.2 房架

贵州干阑建筑的房架（即排架）通常是根据房屋的建筑规模决定房架数量。房架的数量单位称架或排，如四架三间、六架五间。柱瓜的数量取决于房屋的进深（根据檩的水平距离决定）。房架的穿枋由房屋的高度和层数决定，以满足层间和柱瓜联系的需要。据调查所见，最多的为七枋，一般为四至五枋。地脚枋起控制柱距、稳定柱脚和镶嵌墙板等作用。房架的构造关系到房屋的整体性、稳定性和安全度。房屋的全部荷载通过房架的柱传至柱基。在调查中所见屋架的顶部有两种构造：一种是以柱瓜承檩，近似传统穿斗式的"立帖"，不用抬梁，在侗居建筑中这种构造法较多。另一种是既不属于梁架式又不全属于穿斗式的房架。如从江县高增寨孟锦华宅的房架上部是斜梁和穿斗相结合构成的（图3-5-2、图3-5-3）。这组屋架的前半部以柱瓜承檩，类似穿斗式屋架，后半部则以沿屋面的斜梁承檩。

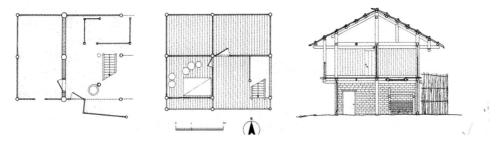

图3-5-2 从江县高增寨孟锦华宅

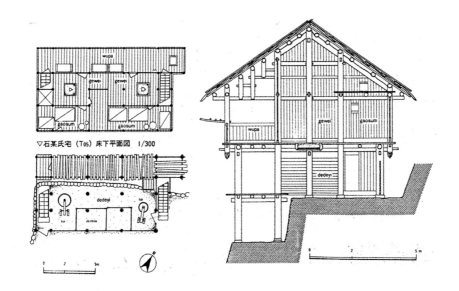

图3-5-3 穿斗与斜梁结合房架

　　前后对照相比：前半部的做法工艺复杂，耗工用料较多，后半部做法简便，省工省料。黔东南侗族南部方言区的干阑式木楼的房架多为五柱八瓜，前后有垂花吊柱，也有三柱八瓜带前后吊柱的房架。侗族民居房架在构造上有多种形式，比较灵活，这里不一一赘述（图3-5-4、图3-5-5）。

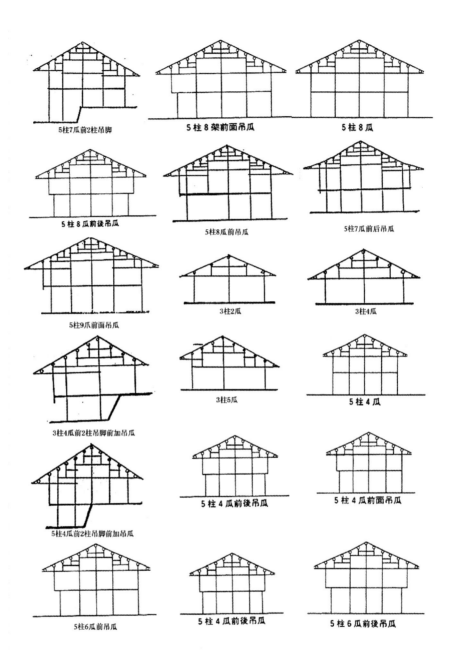

图3-5-4　黔东南干阑建筑房架类型剖面简图

图3-5-5　干阑建筑的房架类型实图

3.5.3 构造

（一）檩的支撑点——柱、瓜和挑檐枋

柱、瓜和挑檐枋是檩的支点。柱、瓜顶部的水平距离和穿枋出挑的长度应满足步水的需要。所谓"五柱八瓜"或"三柱八瓜"仅是构造上的习惯做法，如房屋的进深过大，檩的间距增加，势必增加椽皮的厚度，加大木材用量，为满足檩距的要求，只有增加瓜的数量。黎平县肇兴寨陆明东宅的进深达14米，除前后出挑的吊柱外，设五柱十二根长短瓜，檩的水平间距不超过800毫米（图3-5-6）。

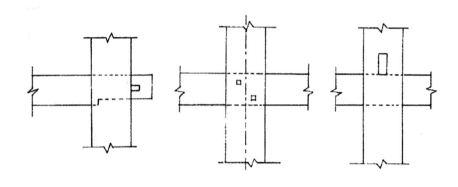

图3-5-6　檩的支点大样

（二）房架节点细部

房架（亦称排架或类似立帖）的节点细部。房架是以柱、瓜和穿枋连接组成（图3-5-7）。柱枋节点的卯榫尺寸视上部荷载和柱距而定。

房架中的柱是传递上部荷载至柱基的主要杆件，柱的下部直径150~300毫米。柱的径高比一般在1：30~1：44之间，这样的径高比只有穿斗式和类似穿斗式房架方能满足，它是靠房架的穿枋及纵向的斗枋控制柱来稳定的。

房架中的瓜主要是为满足柱间檩条支点而设的，同时还起控制横向位移的作用。

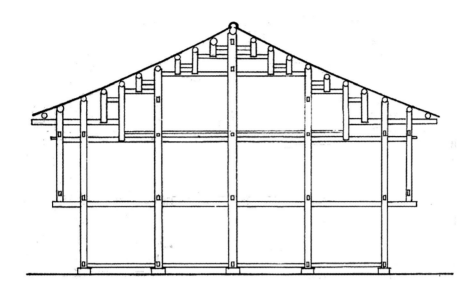

图3-5-7 房架与柱、瓜、穿枋

房架中的瓜主要是为满足柱间檩条支点而设的，同时还起控制横向位移的作用。

房架中的穿枋是承载楼板和屋面的简支梁和连续梁，通枋的每个支点和跨间都产生弯矩，因此，枋的截面几何尺寸是由木工匠师根据经验决定的。一个村寨或一个地域的匠师都掌握了比较成熟的经验模数，虽未经过精确的计算，但都能做到既不浪费材料，又能保证强度和挠度。根据调查和实测表明，木构穿斗式建筑从未发生过主要杆件断裂和房屋倾倒的现象。榕江县保里寨侗族吴宅15个开间的二层"长屋"，从江县高增寨吴芝培五个开间的二层木楼和吴继贤三个开间的三层两偏厦木构楼房都是清代咸丰同治年间建造的，至今未见倾斜变形。可见穿斗式或类似穿斗式房架在结构上的可靠性和稳定性。穿枋的宽度一般为36.7～56.7毫米，较老的干阑式木构房屋穿枋最大宽度达67毫米，高度120～200毫米，如枋的高度不足，可在主枋上部加铺枋，满足构造上的尺寸要求，以增加枋的断面惯性矩。穿枋的高宽比无硬性规定，比较灵活，由木工匠师凭经验决定。

柱同穿枋的节点固而不死，这是由木材的特性决定的，柱、瓜同枋节点的卯应大进小出，即内侧的孔高度大于外侧卯孔高度3.33～6.67毫米（1～2分），以求装配更加紧密。乡村的木构建筑从来没有因地震和风暴而倒塌的，可见木构房屋卯榫连接点的重要性。柱、瓜与枋的节点同柱和穿枋节点相似。柱、瓜之间联系枋的尺寸是不定的，常因材而定（图3-5-8）。

图3-5-8　干阑建筑的穿枋

（三）斗枋与房架连接的构造细部

斗枋同房架的连接是整体房架施工的重要工序。它同房架的柱联系起来，构成整体构架，控制纵向的稳定和整体牢固。柱与枋同样以卯榫连接。枋的断面几何形状多为矩形，也有半圆形的，但很少。枋的榫头应根据枋料尺寸和柱径的大小而定，枋的榫头宽度一般为36.7～57毫米，高度为120～200毫米，如果开间面宽大，枋料高度不足可在上部加辅枋，以合理的比例保持纵向的稳定性（图3-5-9）。

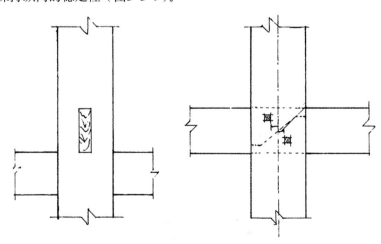

图3-5-9　柱与枋的卯榫连接

（四）栓的作用与用法

栓是房架中最小的部件，但木匠师却非常重视。房架枋的栓和斗枋与柱的"销"，起到防止枋榫与柱卯脱离的作用，枋与柱的主要连接点均用木栓固定。常见的有耙齿、牛角栓和三角栓三种（图3-5-10）。

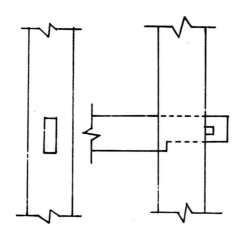

图3-5-10　栓与柱的"销"

（五）楼楞与楼板的构造

楼楞的断面几何形状有矩形、圆形和半圆形三种，常见的是圆形和矩形截面的楼楞。楼楞的间距与檩的水平距相同。高度同层间斗枋顶部一致，便于铺装楼板。楼板多用厚33.3毫米的寸板。楼板以企口嵌缝铺装，既严密又增加了楼板的刚度，可以加强整体性（图3-5-11）。

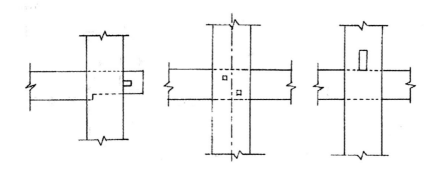

图3-5-11　楼楞与楼板节点

（六）柱与地脚的连接

地脚枋主要是作控制柱位，拉接联系柱脚和便于装修内外墙板之用。柱与地脚枋的连接有纵向双齿法、纵向单齿法和横向栓销法。通过穿枋、斗枋和地脚枋控制的侧脚，侗族建房的檐柱和边排房架柱一般按高的1%向内倾斜（称向心）（图3-5-12）。

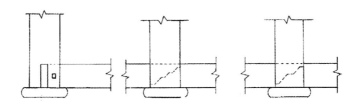

图3-5-12　柱与地脚枋的连接

（七）桁檩的构造与连接

檩条在木构民居建造中一般是简支檩，用杉木制作。檩的直径根据开间面宽尺寸和层面材料由匠师凭经验选定。小青瓦或茅草屋面的檩径大于杉树皮屋面的檩径。檩同柱、瓜的连接有对接法、交错搭接法和斜向硬接法等数种。桁檩是整体屋架施工的最后一道工序。檩的拼装除要求牢固、紧密外，还要求顶部的相对水平度。因为檩条的根径同梢径相差很大，要用削平、加垫和接头等方法施工找平（图3-5-13）。

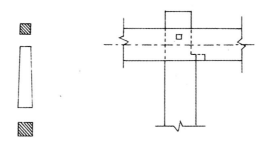

图3-5-13　桁檩的构造与连接

3.6 干阑建筑屋面形式

干阑建筑的屋面不同地区有着不同的形式，这种不同形式很大程度上是受地域文化影响，且与民族习俗传承有关。也显现干阑建筑造型的多样性和地域特色。

贵州干阑建筑屋架的水面坡度在5.55和6分水间（即1：2.0、1：1.8和1：1.67）。小青瓦和树皮屋面一般为1：2.0~1：1.8，茅草屋面一般为1：1.67。屋面外观分为两大类：一是直线屋面，即檐部不起翘，屋脊不落腰，屋面和屋脊都是直线的；二是曲线屋面，即檐部起翘屋脊落腰，形成双曲线屋面，平缓流畅，在视觉上给人以美感。做法是：直线屋面的房屋，由中柱到檐柱降水平距离的0.5、0.55或0.6，即为中柱同檐柱的高差；曲线屋面中柱到檐柱的高差的计算方法与直线屋面相同，只是中柱高度不变，檐柱按计算尺寸抬高66.7毫米（2寸），瓜的尺寸是不定的，随屋面曲线而变化。屋脊落腰的做法是：当是两开间的房屋，中部一联屋架的尺寸不变，边排屋架升起33.3~66.7毫米（1~2寸）；三开间以上的房屋则中间两联屋架不变，次间、梢间的屋架逐步升起至边联排架，中柱抬高66.7毫米（2寸）（图3-6-1~图3-6-3）。

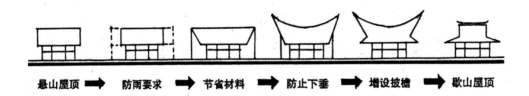

图3-6-1 干阑建筑屋面形式

图3-6-2 干阑建筑屋面形式与材质1

图3-6-3 干阑建筑屋面形式与材质2

3.7 重点部位装饰

贵州侗族干阑民居的前立面为重点装饰部位。一般工夫用在廊柱装饰上，廊栏装修分为立柱式和图案式等数种花饰。敞廊的栏杆、柱端的花饰同屋檐、门帘饰样相配，显示出侗族民居特有的装饰风格（图3-7-1～图3-7-6）。

图3-7-1　干阑建筑的雕花门帘

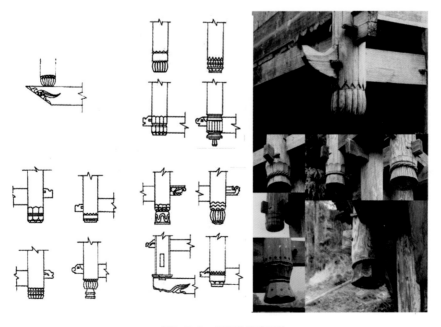

图3-7-2　干阑建筑的垂花

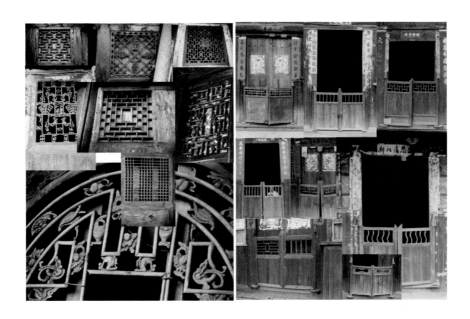

图3-7-3　干阑建筑的门窗

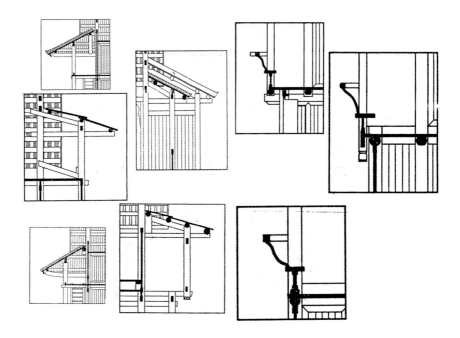

图3-7-4　干阑建筑的挑檐及美人靠大样

图3-7-5 干阑建筑的美人靠1

图3-7-6 干阑建筑的美人靠2

3.8 本章小结

1.干阑建筑构架类型的演变进程，是由初期的交叉斜梁式逐步发展到承脊柱、人字架，再发展到柱承重屋顶的演变过程。

2.大叉手、斜梁式下端增加水平梁后，具有三角形屋架的受力状况。承脊柱构架又分为"承脊柱"(支承脊檩)式和"承檩柱"(支承檐檩或其他檩条)。

3.干阑建筑柱承重构架具有施工简易的优点，但稳定性较差的缺点也很明显。随技术的进步，穿斗式构架增加"穿"（横梁），将边柱及中柱串联起来，并进一步增加了纵向联系穿枋构件，构成简单的框架形式。

4.由于地域与民族习性的不同，特别是黔东南地区有丰富的林木生境，从而在木构专项技术方面，表现出明显的差异，构成贵州干阑建筑"整柱建竖"、"接柱建竖"、"半接柱建竖"构架的特殊牲。

5.干阑与穿斗式民居两者的区别在于：建筑型制与构架类型的区别；有无"支座层"的区别；立柱上下贯通与否的区别；有"穿"无"穿"的区别；穿斗式不一定都是干阑建筑，干阑建筑有可能采用穿斗式构架。其中最本质的区别是支座层架空与否。因此，干阑建筑文化实际上就是包含着自然生态与人文生态的文化现象。

4 | 侗族干阑建筑空间形态及影响因素

由于长期所处特殊生境、特殊社会发展历史和民族社会经济发展的不平衡，从而形成侗族传统干阑建筑民居和"中国南方－东南亚干阑建筑文化圈"的众多民族建筑文化共时并存的差异性特点。

侗族是中华民族大家庭中的成员之一，分布于湘、黔、桂毗连地区和鄂西南一带。在语言学上的分类，侗语属于藏缅语系，壮侗语族侗水语支，且分南北两部方言及相应的土语区，并与壮语和水语有密切的亲属关系。

分布在中国西南贵州山区的侗居与其他民居一样，居住形态的产生与发展是历史、社会、文化因素共同作用的结果。然而侗居形成自我个性与特质的一个重要方面是在于它对环境和文化特殊性的重视。侗族民居的个性表现在与山地环境结合的建筑形态之中。侗族群体集落特征除鼓楼、风雨桥、戏台外，还有歌坪、禾晾、井亭、禾仓、飘井等公共设施，点缀于侗族木楼群体之中，组成一幅浓郁的侗族风情和山乡景色（图4-0-1）。

图4-0-1 黎平肇兴侗寨

4.1 传统干阑侗居空间形态特征

干阑侗居多依山傍水而建，由于用地有限，为创造更多的使用空间，建筑巧妙地与地势相结合，手法独具匠心。传统干阑侗居的平面空间多样。不过，随着人们对住宅空间和面积领域要求的扩展，干阑侗居有些已经从简单的两层发展为三层或四层（图4-1-1）。从早期一开间发展为两开间、三开间或更多开间，乃至于长屋（图4-1-2）。

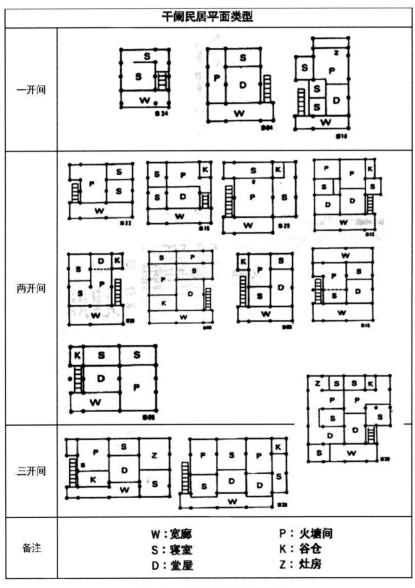

图4-1-1 干阑侗居的平面类型

图4-1-2 长屋多开间的传统侗居

4.1.1 侗族干阑建筑的特征

由于地理环境、历史文化等社会自然情况的差异，使各地区各民族的干阑建筑特色又不尽相同，侗族干阑建筑的特征如下：

(一)建筑材料特征：由于侗族聚居的区域范围气候温和、水热条件优越、空气相对湿度大，以及土地有机质积累较多，适宜林木生长。因而为贵州的侗居在建筑材料选择方面提供了一个极为重要的前提。在黔东南地区，这种用木柱支托凿木穿枋、衔接扣合、立架为屋、四壁横板、上覆杉皮、两端偏厦的干阑木楼举目皆是。侗居干阑选用木材的特征显然是地域具有丰富的森林环境赐予的结果。

(二)居住方式特征：侗寨干阑民居大多为穿斗式干阑木楼，村民基本上维持和伴随干阑建筑而产生的习俗，底层以饲养或堆放杂物为主。二层是主要生活面层，宽廊、火塘、小卧室构成侗族民居的主要特征。顶层通常为堆放粮食或杂物的阁楼，也有局部设置隔间作卧室。采取将居住层由底层移至楼面，可以最大限度地适应聚居区域内任何起伏变化的地形地貌；可以不改变地形获得平整的居住面，适应于炎热多雨气候的通风避潮，适应于不易清理的场区环境对虫蛇、猛兽的防御，适应于河岸水边低凹地带潮水涨高的侵袭。从居住质量的观点看，提高生活居住层面后，居住环境质量也相对提高。

(三)平面基本单元特征：传统干阑侗居生活面层典型平面的基本单元，包括有可以满足生产活动和生活居住习俗要求的各功能空间，它们是：①垂直交通联系功能的楼梯空间；②富有满足休息和家庭手工劳作功能的宽廊半开敞空间；③具有接待来宾及炊烤兼备的生活起居功能的火塘间；④必不可少的家人寝卧休息空间；⑤其他辅助空间。

上述各基本功能空间在进行平面组合时，可以将其在一个开间柱网内，自宽廊向纵深方向贯穿布置完成。也可以随居住要求的完善，扩展成为两开间或多开间，单元组合自由衍生。

(四)入口位置设在山墙面：传统干阑侗居的平面布局特征之一是将侗居的入口位置大多设于山墙一侧，这与汉族民居从正面入口决然不同（图4-1-3）。

图4-1-3　入口在山墙上的侗族民居

4.1.2 干阑侗居内部空间要素

因地制宜、合理利用空间、充分发挥有限空间的使用价值是侗族干阑民居的内部空间特点。由于所处环境地貌条件的变化，使剖面形式产生不同，因此对空间的利用也带来很大的伸缩性和灵活性（图4-1-4）。

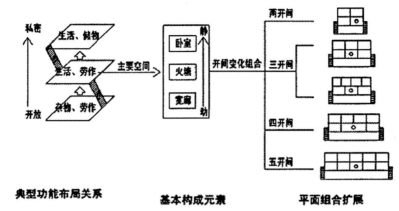

图4-1-4　侗族民居空间构成分析

（一）支座架空层：干阑侗居架空的底层空间，根据不同的使用要求，可以拉通、可以隔断，外壁可以封闭、可以开敞，空间分隔十分灵活。当居住面积不够用时，支座层可以围蔽安排作为使用空间以备不时之需。但传统干阑侗居这里大多安置石堆，堆放柴草、杂物和饲养牲畜，作为圈栏等家庭生产活动的主要场所（图4-1-5）。

图4-1-5　干阑侗居架空的支座层空间

(二)楼梯空间：楼梯纯属垂直交通联系之用，干阑侗居的楼梯平面位置大多布置在单元侧向端部偏厦开间内，入口位置设在山墙面，梯段多采取单跑形式。坡度一般比较平缓。户内与阁楼联系的可移动木梯，造型饶有风趣，搬动也方便（图4-1-6）。

图4-1-6　侗居内部楼梯

（三）内外空间的中介－宽廊：设置宽廊是干阑侗居的重要空间特色之一，宽廊在干阑侗居中除了作为家庭休息、手工劳作空间外，还具有社交和串联室内其他空间的多种功能。宽廊是侗居内外的中介，为父系大家庭公共起居使用的空间，又是妇女从事家庭纺织等劳作的场所。半开敞式的宽廊，可以说是侗族自身寻求养身空间的体现，可以取得自内向到外向、由封闭到开敞的空间转换，可以改善居住环境的封闭性，改善心理环境和视觉境界。因此宽廊的双重性在于它的空间界限似清楚又不明确，似围合又通透，似独立又依存，但是它在干阑侗居中确是一种极富有人情味的过渡空间（图4-1-7）。

图4-1-7　侗居的宽廊

（四）家庭的核心－火塘间：火塘间在传统的干阑侗居中占有相当重要
的地位，它是侗族家庭议事、聚会、团聚、交谊和兼作为炊烤并备的场所。
对于侗族来说，火塘间不仅是家庭日常活动的中心，也是家庭内供暖的中
心。正是由于火塘在侗族家庭生活中具有如此重要的地位，所以火塘间就成
为整个血亲家庭的中心，乃至成为家庭的代名词。在黔东南一带，一些干阑
侗居中，有"高火塘"及"平火塘"两种类型。"高火塘"使室内的地板形
成台上台下两阶，台上可供坐卧，台下作为通道，静区动区互不干扰。"平
火塘"的构造方式有平层式、悬挂式和支撑式等几种。随着侗族生活方式的
渐变和文明程度的提高，炊事用火已逐渐被灶台所代替，然而传统的火塘作
为侗族物质文化的一种象征性要素，依然保留在干阑侗居中。（图4-1-8~图
4-1-11）

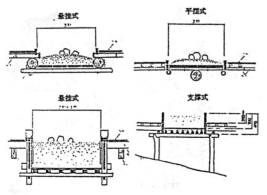

图4-1-8　侗居火塘的几种形式　　　　图4-1-9　高台式侗居火塘

图4-1-10　台式侗居火塘　　　　　图4-1-11　平摆式侗居火塘

（五）寝卧空间：卧室对每个家庭都必不可少，它必须满足居寝隐蔽的实用要求，在干阑侗居中，卧室的平面位置多置于较安静的区域，空间处理则多以小隔间的方式为主，一般一间卧室仅放一张床铺，以一人或一对夫妇居住为原则，干阑侗居的寝卧空间比较封闭，与宽廊形成鲜明的对比，但它符合空间功能的私密性要求。

（六）竖向空间的利用：干阑侗居的竖向功能分区由三部分构成：①以杂物、饲养、副业为中心的底层；②以人居为中心的居住层；③以贮晾为中心的阁楼层。侗居阁楼层的主要功能是：作为散堆谷物为主的贮藏间；设有横杆作为吊挂风干作物之用；也有些侗居将其分隔布置为闺女卧室使用。阁楼层的平面空间利用率较高，且贮藏物品安全可靠。阁楼空间的外壁有开敞，有封闭，根据需要及住户的经济财力，伸缩性较大（图4-1-12、图4-1-13）。

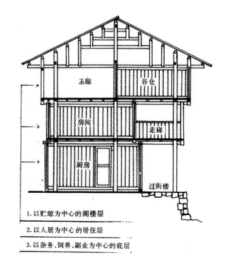

图4-1-12　散堆谷物为主的贮藏间　　　图4-1-13　侗居竖向空间的利用

从干阑侗居空间元素可以看出：侗居内部各功能空间的布局形态是受侗族文化和民族习俗的影响而产生和发展的，同时又随着生活方式的渐变，以及周边各其他民族文化的撞击，以及因时、因地、因人、因物的不同，而展现不同的风貌。

4.1.3 平面布局与空间序列

干阑侗居的平面布局与空间序列与其使用性质有着密切关系。这些使用空间彼此又相互关联、脉脉相通。

以干阑侗居的生活面层为例，其平面布局和空间序列完全是依据空间使用的性质，以及侗族自身的生活习俗和行为模式，并按照空间序列渐进的层次进行布置。如果说，围绕堂屋布置其他使用空间，形成以堂屋为枢纽的放射形平面布局是苗居的空间序列特征，那么，干阑侗居空间序列类型的选择则侧重于强调纵深轴线方向上的空间组合，即"由休息和手工劳作功能的宽廊－生活起居的火塘间－寝卧空间"的布局形式，其空间序列关系是"前－中－后"的纵深格局。并根据空间不同的使用性质，采取了不同程度的开敞与封闭（图4-1-14）。

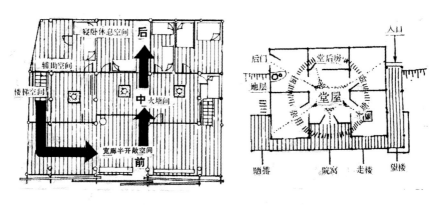

图4-1-14 侗居典型平面空间分析

例如：宽廊起着空间过渡和承接作用，半开敞且较明亮，具有开阔的景观收纳性；火塘间是干阑侗居家庭的核心所在，是空间的精华，是温暖和光明的源泉，甚至是崇拜的对象，因此，空间需要并具有完整性和聚合性；寝卧仅供休息睡眠，需要安静和避免强烈的光线干扰，需要有封闭性和私密性。这种强调纵深方向的空间序列格局符合居住建筑的渐进层次，符合由动区到相对静区的居住心理要求。从空间功能性质分析，符合人们居住流线从"外部空间－半开敞过渡空间－共用空间－私密空间"的行为模式。即空间序列由外向到封闭，光线由明亮到暗淡，这些都充分体现侗族自身居住的物质与精神方面的需要。当然，在以上基本空间序列布置中，有时为了有更多的寝卧空间，在火塘间的左侧或右侧，也有布置寝卧的情况出现，但从交通流程顺序，它依然属于先进入起居再进入卧室的空间序列。

从上述分析，这种并非由专家而是以自发持续活动所产生的干阑侗居平面类型，这种朴实的乡土侗居，其平面空间组合蕴藏着不少理性的建筑空间艺术构思，其空间序列组合是适合于侗族人民居住的一种独特的生活空间形态，并且其中还拥有不少未开发的灵感资源。

4.1.4 干阑侗居外部空间形态

干阑侗居的建筑造型因地而异，妙在以多变的建筑处理手法适应各种不同的外部地形环境，利用自然环境提供的条件，如岩、坡、坎、沟和水面来限定外部空间。同时它能结合建筑居住功能，进行合理处置，使整个建筑造型显得不造作。立面随地势起伏因坡就势，并利用不同楼层出挑变化，充分发挥竖向组合的特点。在节约用地面积的同时，使外部空间形态产生了高低错落的层次变化，村寨木楼各具风姿的造型使人印象深刻（图4-1-15、图4-1-16）。

图4-1-15 侗居聚落与自然外部空间1

图4-1-16　侗居聚落与自然外部空间2

　　虽然干阑侗居建筑造型多变，然而在这些变化之中，具有不变的因素，如都具有共性的基本单元体，有共性的上、中、下基本功能剖面，还有共性的半开敞空间宽廊等要素，这些极具侗族特性的内在目的与特质，正是使多变的外在表象取得统一和谐的重要因素。

　　干阑侗居往往采用架空、悬挂、叠落、错层等处理手法，以开阔视野、改善人们心理环境和视觉境界。干阑侗居亲切的近人尺度、和谐的横向比例、轻盈的悬虚造型、活泼的非对称构图，通过开间的增减和竖向富有弹性的变化，形成不同的建筑外部形态。

　　干阑侗居的造型尤以屋顶变化更为生动活泼，但又保持着质朴的本色。干阑侗居的屋顶形式有两坡悬山顶、歇山式屋顶，也有少量的四坡顶形式。在贵州黔东南地区侗居采用悬山式屋顶尤为普遍。悬山屋顶在做法上又分悬山屋顶加山墙面偏厦、悬山顶横向叠错、悬山屋顶前部梯厦（开口屋）等不同形式。不同形貌 的屋顶在干阑侗居中并无明显的等级标志，更多的是反映内在功能用途上的差异。但随历史、社会及文化因素的共同作用，屋顶除满足遮风避雨这些最基本的功能要求外，审美要求随形式的变化也应运而生。

　　贵州黔东南侗族聚居区地处林区，木材、树皮成为得天独厚的建筑材料，整个山寨，多为干阑式木楼。屋面材料至今仍有用杉树皮代瓦的例子，也有杉树皮与小青瓦、杉树皮与茅草混用的情况，这一方面反映出区域经济因素的影响，另一方面也反映出一个民族传承的关系。

　　由于干阑侗居的平面组合自由灵活，可以通过开间的增减，或加接披屋，或拼联组合，或加建偏庇、敞间或拖檐，或安排次要辅助空间，从而随平面变化也形成各种多变的立面空间形态。可以说，架空式的居住面层、楼层叠宇的空间层次、不同屋面的天际错位形式、山墙偏厦的拼联组合运用、半开敞廊道的竖向栏杆，以及出挑、外露的象鼻形枋头、雕刻精细的莲花状垂柱，构成了干阑侗居外部空间形态的鲜明特征（图4-1-17、图4-1-18）。

图4-1-17　侗居干阑建筑装饰特征

图4-1-18　侗居干阑建筑外部装饰

4.1.5 居住领域的扩展

一般来说，住房的使用年限远比建造的年限要长得多，随着时间的推移和生活内容的逐渐增加，因此，对原有的居住空间领域往往需要突破和扩展。

侗族居民居住领域一般借助于空间扩展或面积扩展两种方式，较常见的模式有以下几种。

图4-1-19 侗族干阑建筑的竖向发展

（一）占地面积不变，竖向增多层数，使干阑侗居由原先的"人居其上，牲畜居下"的简单二层干阑木楼向三层或是四层的格局扩展，以充分利用空间（图4-1-19）。

（二）平面扩展、增加开间组合，使建筑的平面加长，乃至于发展为"长屋"。

（三）增建偏厦，由原先不对称扩展为左右对称的双侧偏厦（图4-1-20）。

（四）竖向逐层出挑，扩大使用空间，"占天不占地"。

（五）架空支座层围蔽，安排作使用空间，以备不时之需。

（六）由"住贮合一"扩展为"住贮分离"，于房前屋后另建独立的畜圈或谷仓，扩大居住领域（图4-1-21）。

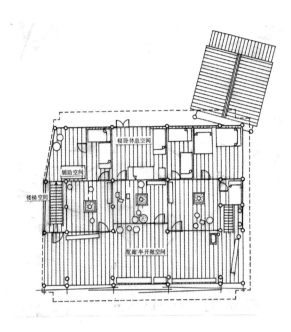

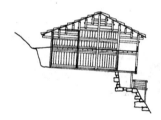

图4-1-20 侗族干阑建筑的扩增

图4-1-21 住贮分离的扩展模式

4.2　居住空间形态影响因素

建筑居住形态的形成与特定的文化环境有着密切的联系，作为文化的物质表现形态之一的建筑，必然是该地域特定文化环境因素的复合产物，贵州侗族民居也不例外。它也受着地理环境、森林文化及民族文化的影响和制约。

4.2.1　地理环境的影响

地理环境往往制约着历史和文化发展的方向。建筑文化深受周边文化圈的影响。贵州是同属于中国南方-东南亚干阑建筑文化圈的地理生境的自然环境，即适宜干阑建筑分布的水泽、山地、森林和气候比较湿热的地区。

贵州东承荆楚之流风，西接滇云之余韵，北延巴蜀之神采，南领黔桂之精华，是西南地区与长江中下游、珠江流域地区建筑文化交融、过渡、演变的重要见证。它的差异，对物质生产方式的影响又往往反映在文化的区域特征上。

侗族聚居于中国西南湘、黔、桂交界地区和鄂西南一带，在贵州黔东南苗族侗族自治州集居有侗族人口140余万，占全国侗族总人口251万的55.7%左右，他们分布在贵州的黎平、从江、榕江、天柱、三穗、镇远、剑河等县境内。这一区域山地纵横、沟壑遍布、高原地貌明显，形成奇丽壮观的山势景象。这里水系发育、河网稠密、雨量充沛、气候温和、晨昏多雾、雨后爽朗。但由于地形复杂，起伏较大，加之受纬度、高度及大气环流等影响，气候差异十分明显。所谓"山下桃花山上雪，山前山后两重天"，"七山一水一分田，一分道路和庄园"，"开门见山、出门爬山"的民谚，形象生动地概括这一地域气候复杂，多山、多雨、多湿的自然社会条件以及高山、坡地、岩坎纵横，田土面积有限的特定的高原地貌环境。

对高原山坡地区有较大适应性的干阑建筑，能在有限的地段上，最大限度地利用地形，组织功能，开拓场地，争取使用空间，在基本不改变自然环境的情况下，对于基地上的岩、坎、沟、坑以及水面可以跨越。特别以抬高居住面层的方式犹如桌子一样，矗立于山坡基地，与地面隔离，建立起既适应地势又具有安全感并依赖它维持生存和发展的生活居住空间，十分突出地体现出地理环境作用于建筑文化的结果。这些建筑虽然布置自由并无规划，然而在无序中却体现侗族人民始终具有特色的建筑文化类型，同时又使人们认识到，地理环境可以为建筑文化的发展提供多种可能性。

4.2.2 森林文化的影响

贵州黔东南地处中低纬度，是冷暖气流经常相持过渡的地区，同属中国南方-东南亚干阑建筑文化圈的中亚热带湿润季风气候。这里风量多、湿度大、水土肥沃，为植被林木的生长繁茂提供了良好的条件。因而在建筑构成上自然以资源丰富的木材为主。这里森林资源丰富，森林覆盖率高于全国平均水平，是全国著名的木材产地之一，并素有"宜林山国"之称。特别是喜温、喜湿、有明显趋肥性属湿润性亚热带树种的杉树，马尾松分布面广、蕴藏量大。特别是水杉纹理细密，用于建筑可以不加任何油饰，保持木纹本色，也为干阑木构建筑的广泛建造提供了用材的物质基础。它们是干阑建筑文化生存的理想生态环境，这些自然材料资源影响着这一地区的干阑建筑文化。

干阑建筑结构房屋节点容易处理，灵活性大，有优越的应变能力。它对于这一地域的气候和地理环境的适应性很强，特别在山坡地段，基础难以设置处理的情况下，往往在柱脚下只需铺垫块石，即可省去基础，结构严谨，稳定牢固，素有"没有基础的房子"之誉。由于材质赐予的灵活性，侗族干阑建筑在结构技术的处理上不拘一格，为建筑外观造型的起伏多变和轻盈优美创造了良好的条件。

自古以来，这里各族人民利用这一地域的生态环境所提供的林木条件，创造出独具特色的森林文化。人们披蓑衣，戴斗笠，住的干阑木楼，食的油茶，用的扁担、盆桶、耕作的木犁、耙锄以至建造的木船、鼓楼、花轿等物质文化，无一不是森林的赐予以及当地侗民对环境的适应和选择的结果。

4.2.3 民族文化的影响

地域文化往往由于受固有民族文化传统和所处社会环境及自然条件的双重制约，使生活模式和社会形态带有鲜明的地方性，尤其是集中反映区域民族特点和风貌的民族学，都将成为地域文化特质，并始终作用于建筑文化的内涵与外在表象之中。

（一）节日文化的传承

由于群落断裂和山地阻隔的人文地理，使交通闭塞、分散的农耕文化自给自足的人们常常因一山一水之隔，平时很少往来。作为少数民族生活方式的节日文化活动，为各族人民的社会交往、思想交流和感情联络提供了机会。同时节日活动场所也相应成为村民集会和聚合的公共活动空间。正由于空间场所与人类生活有着密切的关系，因此节日文化所具有的民族传统综合性和民族社会形态的烙印，也为这些公共集落空间增添了浓郁的地域文化色彩。

（二）"萨"文化的体现

"萨"在侗语里是奶奶、祖母之意，这里专指"萨岁"。"萨岁"为女祖先和社稷神。侗族的"萨"崇拜既有英雄崇拜方面的内容，也有对天、对太阳、对图腾、对土地、对祖先、对母性、对生育以及对其他社会现象和自然现象崇拜的内容，并且它已影响到干阑建筑文化的形态中。

侗族有"立寨必欲设坛，坛既设、则乡村得以吉"之说，增冲寨于村寨的西侧设有露天的神坛，青石砌筑高出地面，平面呈八角形，这种现象实际是古代氏族祖先崇拜的一种遗迹。鼓楼、花轿或在建筑物门额和屋脊上置有的"龙"形装饰以至村落寨头所蓄的"风水林"和遮荫树，以及将小井、巨石等视为"地脉龙神"，这些都体现这里人们对图腾的崇拜思想（图4-2-1、图4-2-2）。

图4-2-1　侗族祭坛、神坛

图4-2-2 侗族祭坛

（三）对"火塘"的尊崇

侗族架空的生活居住形态只有解决了生活中最基本的物质要素-用火的问题之后，才得以摆脱地面的束缚。并为通风避潮、应付多雨潮湿的气候环境，防避蛇虫、应付恶劣的生活环境提供了独特的居住形态。对火塘锅桩石的崇拜，或是禁止跨越火塘的禁例，都体现侗族对火塘的尊崇（图4-2-3）。

图4-2-3 侗族对火塘的崇拜

（四）稻作文化的多样性

一个民族的饮食习俗与居住形态有着天然的联系，侗族多样性的食文化势必会支配和影响室内居住环境空间。

侗族常食大米，有"现舂现煮"的习惯，因此于干阑木楼底层每户都置有碓磨等家庭必备的用具。在从江县往洞寨也有打米用的水碾、水碓（图4-2-4）。

图4-2-4　侗族的贮晒方式

作为稻作民族而言，因谷物的收获而出现谷仓这类的建筑物用以贮备粮食、以备不时之需。所以谷仓在侗寨整个建筑群中，有些集中布置于村寨中心，有些集中于村寨一侧，有的则单独建于水塘之上，但都考虑防火。侗族谷物贮藏方式有的设于干阑木楼顶层，有的单独建谷仓于宅房或鱼塘上面，还有的在寨边集中组建干阑式仓群。增冲寨大多将谷仓建于水塘（图4-2-5）。

图4-2-5　侗族的贮晒方式

除饮食习俗外，在侗族家中的宽廊或三楼，大多放有轧花机、织布机、纺车、纺锤等工具，还有的侗家保留有制作木器、银器、竹器的手艺，侗族的藤编无论从形式、技艺或实用价值均为上乘。这些极富地方和民族习俗的生活模式，使干阑侗居的内部空间增添了浓郁的民族气氛和地域色彩。

侗族干阑民居亦和文化的总概念一样，尽管它同属中国南方-东南亚干阑建筑文化圈，由于它长期所处特殊地域的地理环境、森林文化和民族文化等各种固有文化因素的影响，这种不平衡状况使得各民族之间还是存在较大差异。可以说侗族干阑民居的形态是峰峦连绵的地貌、温和湿润的气候、浩瀚无壤的林海、传承的民族节日文化、虔诚的民族崇拜心理、抬高生活面层的居住形式以及物质文化多样的民族习俗等颇为壮观的文化系列相互作用的结果。正是由于这些特定的文化生境背景和建筑文化的内在因素，才培育出有明显个性和浓郁地域特征的侗居干阑建筑空间形态，才呈现出和中国

南方-东南亚干阑建筑文化圈众多民族共时并存的差异性干阑建筑文化特色
（图4-2-6）。

图4-2-6 贵州山区干阑建筑文化风貌

4.3 本章小结

1.贵州侗族干阑建筑，由于长期所处特殊生境、特殊社会发展历史和民
族社会经济发展的不平衡，从而形成传统干阑侗居和"中国南方-东南亚干
阑建筑文化圈"的众多民族建筑文化和空间形态共时并存的差异性特征。

2.影响侗族干阑建筑空间的主要因素来自于地理环境、森林文化以及民
族文化的影响。这些极富地方和民族习俗的生活模式，使干阑侗居的内外空
间增添了浓郁的民族氛围和地域色彩。

5 | 山地半干阑建筑——"吊脚楼"

"吊脚楼"也称"吊楼",为西南地区苗族、壮族、布依族、侗族、水族、土家族等传统民居所常用的建筑类型,在湘西、鄂西、渝西、渝东南等地区特别是在贵州黔东南苗族民居和其他少数民族村寨较多见。吊脚楼与一般所指底层完全架空层的干阑建筑有所不同,它是前半部架空,后半部第二层的屋基直接接地,房架的柱子前后呈不等高之势,所以称吊脚楼为半干阑式建筑。

5.1 吊脚楼的演变及发展源流

吊脚楼的形成首先是干阑建筑自身演变发展的内在因素所决定的。从干阑建筑生活居住面层逐渐向地面接近的发展趋势看,凡是条件许可,人们总是希望居住面层向地面靠拢。吊脚楼就是在不平的地貌环境下,基于原本在平原湖沼地带产生、以防潮避害为主的干阑建筑形态,将其建筑采取平移"后靠"的方式,使建筑底层形成部分悬空、部分接地的形态。

古代随民族征服和迁徙的扩大,苗、布依、壮等其他一些民族则从江汉、洞庭一带进入广大西南地区。富有斗争反抗传统精神的苗族,他们多选择住居于高山地区,素有"高山苗"之称。"依山而寨,择险而居"即为苗居聚落的一个特点。且苗寨多"聚族而居,自成一体",不但选择生态环境较好的地方安居,而且还能妥善地处理好安全防卫与耕种生活的矛盾。所以苗族对寨落选址十分重视。

我们调查的全是居住在山区的苗居,他们利用山体斜坎建造这种独特的悬空式建筑,即所谓"吊脚楼"。它是利用倾斜的地形,平整土地后再依势架设平台构成"半干阑"式的构架。从构架可看出,苗族干阑吊脚楼是在倾斜山地上建房,且有如下原则:

1.背靠大山,正面开阔。靠山多为阳坡,向阳能减少寒气压迫,视野辽阔,高能远望,后有依托,便于防守撤退。

2.多近水源或面河或邻井,同时还考虑避免山洪的危害。

3.有些选在山巅、垭口或悬崖惊险之处,居高临下,可守可退,同时可种植庄稼供生活之需。

4.有适宜的自然环境,在讲风水的同时能将二者统一,尽可能选择好朝向，以获得宝贵的阳光。

自然环境造就了吊脚楼的建筑形式，它从另一个侧面也说明建筑形式是环境赋予的结果（图5-1-1~图5-1-3）。

图5-1-1　渝西中山古镇吊脚楼群

图5-1-2　贵州黔东南苗族村寨吊脚楼

图5-1-3　贵州黔东南苗族村寨吊脚楼群

　　吊脚楼与底层全架空的干阑建筑的区别在于因借地形，减少土石方的填挖量，适应山区地形起伏的特点，它具有适应山区地形的灵活性。吊脚楼由于前半部架空，后半部第二层的屋基直接接地，前半层掉柱可长可短，因此多建于山区坡地或江河两岸的缓坡地带。半干阑与全干阑不同之处，就在于房架的柱子前后呈不等高之势。吊脚楼结构形式取决于外部环境，用地坡度较大时，利用地形可以省工省料。可以说，吊脚楼是具有地区民族地域特色的山地建筑，它是一种独特的干阑建筑，也是在山坡地形条件下富有特色的创造（图5-1-4、图5-1-5）。

图5-1-4　半干阑式吊脚楼1

图5-1-5　半干阑式吊脚楼2

5.2 吊脚楼的空间形态及特征

贵州山区在斜坡上建造吊脚楼，首先将用地修整成为呈"厂"字形台阶，形成上下两阶，下阶支撑柱，于二层楼板处安装穿枋和横梁，并与上层台阶平行，层与层之间的山体壁用石料砌成堡坎。建房时，前排落地柱搁置在下层地基上，上下地基之间的空间为吊脚楼的底层，这就是所谓的"天平地不平"的吊脚楼特色。

吊脚楼第二层是生活起居的地方，以"住"为中心的居住层平面包括堂屋、退堂、卧室、火塘间、厨房等主要部分，以及贮藏、杂务、副业、挑廊等辅助部分。平面布局围绕堂屋呈放射形布置其他空间，形成以堂屋为中心的平面空间布局形式（图5-2-1）。

图5-2-1 贵州山地吊脚楼

堂屋，是吊脚楼的中心空间，一般面宽三开间的堂屋平面位置居中，它是主人居住的重心所在。堂屋正中后壁一般设置有神龛，上立牌位，前置供桌，摆放祭品。堂屋是家庭社交活动场所，因此，一般堂屋的开间都比较大，空间高，诸如婚丧嫁娶、祭祖敬神、接待尊贵客人等重大活动都在堂屋进行。苗族举行这种活动时，还在堂屋跳芦笙舞或板凳舞，舞蹈粗犷古朴，节奏极强，观者拍手顿足，因此，房屋结构需特殊处理。一般堂屋两侧立帖都采取加大中柱尺寸，同时增加楼板的厚度，使之可能承受较大荷载。

退堂，它是由堂屋进深后退一步或两步，并与挑廊的一部分共同构成一个半户外空间。它既是堂屋的缓冲空间，又是室内与外廊入口的过渡区域，因此在居住功能上，退堂有其特殊作用。大多数吊脚楼在二楼外挑悬空走廊，作为进堂屋正门的通道。堂屋外的悬空走廊，苗居的退堂靠外一侧常设有独特的"S"形曲栏靠椅，苗语叫"嘎息"（ghab xil），民间又叫"美人靠"，"嘎息"作为一家人劳作过后休闲小憩、纳凉观景、聊天交流以及演唱苗歌的多功能凉台可供纳凉、休息，节日期间妈妈也是在此打扮女儿。廊外设有半人高的栏杆，内有一大排长凳，家人常居于此休息，有些退堂由于前部未设置回廊，将宅门设于房后，退堂实际变为阳台。

卧室，卧室面积一般不大，仅供夜间休息之用。卧室墙壁上常开设一口木板横向推拉梭窗，洞口不大，但由于无窗格遮挡，倒也敞亮（图5-2-2）。

图5-2-2　吊脚楼横向推拉梭窗

火塘及厨房间，是家庭炊事及取暖使用的辅助空间。

第三层透风干燥，十分宽敞，除作居室外，还隔出小间用作储粮和存物。

居住层是吊脚楼主人的主要生活面层，此外还有的以生产为中心的底层和以贮藏为中心的阁楼层，以上三部分共同构成半边吊脚楼的竖向空间（图5-2-3）。

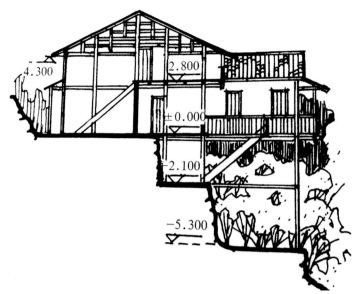

图5-2-3 广西龙胜伟江银宅（黎鋆"广西民族传统建筑实录"）

　　吊脚楼根据地质条件，有设纵向挡墙，也有利用完整的基岩直接竖柱。通廊设在二层或三层的前半部，后半部为卧室，后门是通向居住层的主要入口，节省了底层和二层之间的楼梯。如果房屋有三层，则在二层梢间或偏厦内设有木楼梯。

　　吊脚楼多采用穿斗式木构架，并采用"整柱建竖"或"半整柱建竖"的构造方式建造，即使是二层以上，前部和左右出挑的木楼，也以穿斗通枋支承挑梁。有些吊脚楼前部檐柱为"接柱"，但不常见。吊脚楼构架的基本形式是"五柱四瓜"或"五柱四瓜带夹柱"。屋面为"八步九檩"，前后各四步架(构架每二檩之间的构造形式称为"一步架")构成（图5-2-4~图5-2-6）。

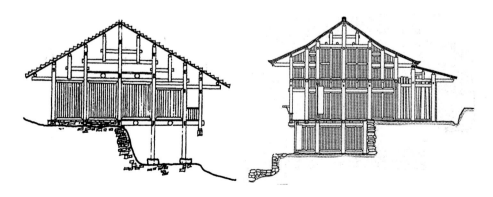

图5-2-4 "五柱四瓜"或"五柱四瓜带夹柱"吊脚楼

图5-2-5 吊脚楼"接柱"

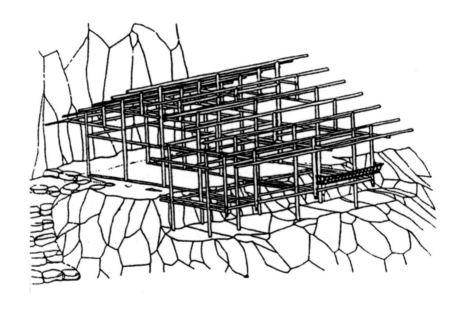

图5-2-6 四步架吊脚楼构架

吊脚楼构造特点是以柱和瓜柱（短柱）支承檩条，檩上承椽，柱子直接落地，瓜则支承于双步穿上，各层穿枋既起稳固拉结作用，又起承重作用。房屋的每排构架在纵向由檩和具有拉结作用的穿枋连接。柱脚是由纵横方向的地脚枋联系，使柱的上下左右连为整体，组成吊脚楼的房屋构架（图5-2-7）。

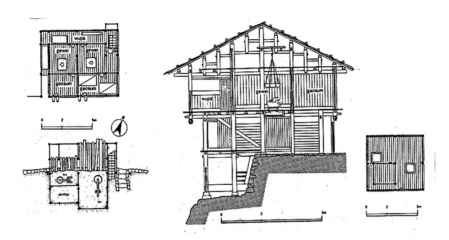

图5-2-7 半边吊脚楼的典型形式

    苗族吊脚楼内各间的房门均为独扇，唯有堂屋大门为两扇。吊脚楼在建筑装修上因地而异，黔东南一带干阑式吊脚楼的建筑普遍采用木板装修，且多用木枋或厚板横装，多少还保留着井干式建筑的遗风。苗居吊脚楼的连楹和门斗刻意做成牛角形，大门上方两端安装有门当木雕，富裕人家还在大门上刻有龙凤浮雕。门当的另一头成牛角，俗称"打门锤"。在腰门的上门斗也刻意做成牛角形，以示为有牛守门，安然无恙。牛角形连楹，生动形象地反映出他们对龙、虎、牛的钟爱与崇拜，也反映出苗族特有的民风民俗。苗居大门及房门的装修也与众不同，大门尺寸上宽下窄、房门尺寸上窄下宽，认为如此便于财宝进屋，产妇平安（图5-2-8）。

图5-2-8 苗居大门

渝西吊脚楼多依山而建，为适应山地地形，平面布局不规则，无固定模式，随坡就坎，随曲就折。空间形式与崖体结合的方式主要有下跌、上爬、分台三种形式。下跌式是街巷一侧为陡坡，住宅临街一至三层，另下跌数层。上爬式是当街道一侧为陡坡，临街房屋沿坡层层爬高，逐层内，收外设置檐廊。分台式也是爬坡式，但必须事先对地形改造，分二阶或三价，多在30度左右的坡地建房采用。房屋布置有顺应等高线和垂直等高线的方式。

渝东南土家吊脚楼组合方式是厢楼的形式，下为吊脚，中设挑廊，上为歇山翼角屋顶，是典型的民居形象。吊脚可分为平地起吊式、山地起吊式、沿河起吊式、峡谷起吊式数种，但主要还是按地形需要而定。渝东南土家吊脚楼装饰表现在门窗栏杆部位较为精致。

渝西吊脚楼是受古代巴国干阑建筑的影响，并与渝西气候条件、地势地貌相结合，是对干阑建筑的继承与发展（图5-2-9）。

图5-2-9　渝西吊脚楼

　　吊脚楼是建筑群中的小家碧玉，小巧精致，清秀端庄，古朴之中呈现出契合大自然的大美。吊脚楼的基本特征是，柱脚不在同一平面上，以达到高低错落、虚实相间的艺术效果，对于在山区结合地形而发展创造出来的"半边吊脚楼"，随着坡度的变换，"巧于因借，精在体宜"，往往采用架空、悬挂、叠落、错层等处理手法，以开阔视野、改善人们心理环境和视觉境界，以其亲切的近人尺度、和谐的比例、轻盈的悬虚造型、活泼的不对称构图，并通过开间的增减和竖向富有弹性的变化，根据实用性和环境特性，强化建筑性格，构成了吊脚楼不同的建筑外部空间形态，并成为干阑建筑的重要组成部分。依山而建的吊脚楼，民房鳞次栉比，次第升高，别具特色，是人类和大自然和谐相处而创造的杰作，誉为山区建筑的一个奇迹。

　　吊脚楼，是中国西南山区特有的干阑建筑形式，它较成功地摆脱了干阑建筑的原始性，具有较高的文化层次，它被现代建筑学家认为是最佳的生态建筑形式，它是干阑建筑的一绝，从而使从巢居、栅居、干阑到半干阑，构成一个完整的演变发展序列（图5-2-10）。

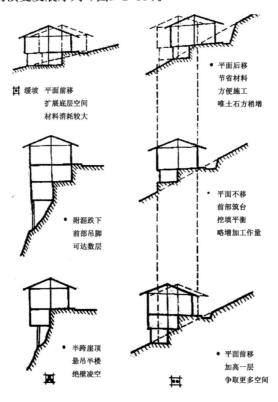

图5-2-10　吊脚楼适应坡度的几种形式

干阑建筑的美学价值应是一种历史的纵深和渊厚，应是古今的接续和延伸，它的存在，启发了当代建筑的审美思路发展，它留给后人的是人类文明演变的足迹，是永恒的民族精神气质。

5.3　本章小结

1.吊脚楼是因所处环境条件不同，以利用山地地形为目的的一种产物。形成原因首先是干阑建筑自身演变发展的内在因素所决定，又因山区环境条件不同，进而以利用地形为主要目的，它从另一个侧面说明，建筑形式是环境不同赋予的结果。

2.吊脚楼是最佳的生态建筑形式，它是干阑建筑的一绝。各种建筑形态的吊脚楼，使干阑建筑外部形态丰富多形。

3.吊脚楼它使干阑建筑从巢居、栅居、干阑到半干阑，构成一个完整的发展序列。

6 | 西南几种主要干阑建筑空间比较

中国古代南方的越、濮、夷、蛮四大族系创造了干阑建筑。在漫长的历史演进中，越、濮、夷、蛮四大族系逐渐分流演化成今天仍然生活在我国西南地区诸多的少数民族，它们在语言系属上大致可分为四类：①汉藏语系藏缅语族彝语支，包括哈尼、彝、拉祜、藏、白、纳西、傈僳、普米、景颇、阿昌、羌等民族；②汉藏语系壮侗语族壮傣语支，包括壮、傣、侗、水、布依、毛南、仫佬等民族；③汉藏语系苗瑶语族苗瑶语支，包括苗族和瑶族；④南亚语系孟高棉语族布朗语支，包括布朗、佤、德昂等民族和克木人。这四类语系中的单一民族，都是越、濮、夷、蛮四大族系后裔，民居大部分采用干阑建筑。百越惯居平坝，常住水滨，是为稻作民族；百濮以耕田为业，住干阑，而成土著；夷族随畜迁徙，且耕且牧；苗蛮刀耕火种，为典型的山地民族（图6-0-1）。

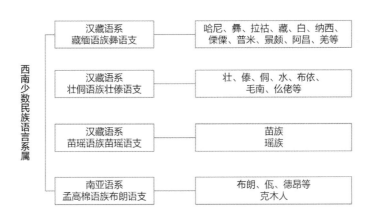

图6-0-1　西南少数民族语言系属

6.1　西南几种主要干阑建筑简述

早先流行于长江中下游及华南地区的干阑建筑，后来由于种种原因而广泛分布到我国西南山区。在西南地区使用干阑式建筑的民族颇多，主要有傣族、侗族、苗族、瑶族、壮族、布依族、景颇族、德昂族、独龙族、傈僳族、布朗族、基诺族、哈尼族、佤族、毛南族、水族、拉祜族等。西南各民族使用的这些干阑建筑既有共性也有个性。这里就几种主要的干阑式建筑空间作分析比较。

6.1.1 贵州侗族干阑（见前述）（图6-1-1）

图6-1-1 贵州侗族干阑建筑

6.1.2 贵州苗族吊脚楼（见前述）（图6-1-2~图6-1-4）

图6-1-2 贵州苗族吊脚楼实景

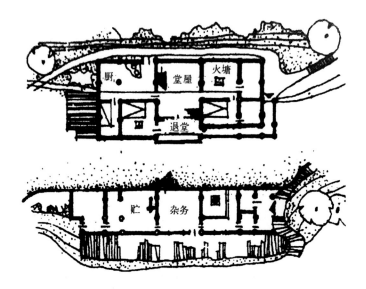

图6-1-3 贵州苗族吊脚楼平面图（侯幼彬《中国古代建筑历史图说》）

图6-1-4　贵州苗族吊脚楼透视图（侯幼彬《中国古代建筑历史图说》）

6.1.3 云南傣族竹楼

云南傣族竹楼是目前存在的一种较为典型的干阑建筑类型。早在一千多年前，傣族干阑就有所记载。傣族竹楼常临水而居，称"近水楼居"。傣族将干阑竹楼统称为"很"，而"很"是由傣语"烘亨"演变而来，"烘亨"是意味着"凤凰展翅"的意思。

傣族竹楼分高楼、低楼两种类型，高楼底层关养牲畜，低楼底层作贮物使用，抑或为全开敞透空。房屋以木构架承重，也有全竹构。竹楼底层大多不设围护，架空通透。竹楼平面呈方形或长方形，居住层为"前堂后室"的布局，外廊和"展"（晒台）是傣族竹楼不可或缺的重要的空间组成部分。

自楼梯拾级而上先至前廊。前廊有顶无墙，是一多功能的前导空间，具有家务、歇息、交往、交通、瞭望等多种使用功能。与前廊纵向连接的"平展"为日常生活晾晒使用的露天平台，是傣族干阑竹楼独特的建筑空间元素。干阑竹楼内部左右空间分堂屋、卧室。堂屋中设置有火塘，它是傣族家庭生活起居、会客、聚会等重要活动空间场所，是家庭成员生活起居中心。其侧面或后面设卧室，卧室不加分隔，傣族家庭有"分床不分室"的传统习俗。前廊、堂屋、卧室三者有门互相连通，形成由开敞到封闭的纵向序列空间格局。竹楼架空的底层为辅助贮藏空间，一般不设围护墙，仅以简单的竹篱围合。

傣族竹楼的楼面、墙面均以竹片编排。此外，干阑竹楼的歇山式屋顶高大峻急，设重檐，出檐深远。竹笆墙向外倾斜，多不开窗，檐下阴影浓重，整个建筑形象生动别致，独具一格，具有民族地域特色和热带建筑的风格（图6-1-5~图6-1-7）。

图6-1-5　云南傣族干阑竹楼

图6-1-6　云南傣族干阑竹楼1（陈从周《中国民居》）

图6-1-7 云南傣族干阑竹楼2（陈从周《中国民居》）

6.1.4 云南景颇族干阑

云南景颇族干阑是早期干阑建筑的代表形式。以低干阑为主，平台高度在1米以内，平面以中柱为界，纵向划分为二，将堂屋和卧室、厨房空间分别各居一侧。由于檐墙低矮，入口设置在山墙面。山面入口多设前廊，晒台随宜布置。内部空间以低矮的隔断分隔，上部空间连成一片，利于通风。结构为柱脚埋地的纵向列架，是一种较为古老的形式。外墙楼面与傣族竹楼相似。屋顶陡峻，醒目突出，特别是"长脊短檐"倒梯形的屋顶，正脊两端伸出许多，形式令人难忘，极富个性特色（图6-1-8）。

云南景颇族的"矮脚竹楼"以及佤族、傈僳族、独龙族的"千脚落地"式干阑建筑，无论在外形或是室内空间分隔，都是特征鲜明、独树一帜。"矮脚竹楼"独有的"长脊短檐"倒梯形双坡悬山屋面形式，以及"千脚落地"式干阑建筑的外形和底层架空支柱的建筑形象，都直接反映出从实际出发、适应地域环境的营造选择（图6-1-9、图6-1-10）。

图6-1-8　云南景颇族矮脚干阑

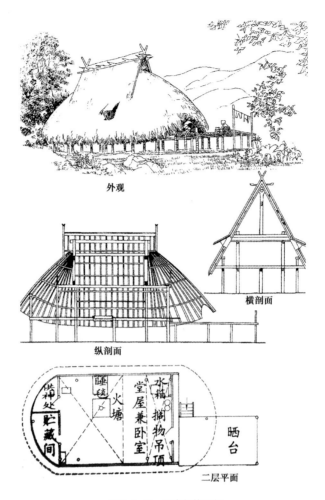

外观

横剖面

纵剖面

二层平面

图6-1-9　云南佤族干阑

图6-1-10　云南佤族干阑实景

6.1.5 广西壮族麻栏

壮族民居分为"麻栏式"和"院落式"两种，山区和半山区常用"麻栏式"建筑，平原地区则以"院落式"建筑为主。麻栏又分全干阑（全楼居）、半干阑（半楼居）二种。山区的麻栏以全干阑为主，浅丘地带多为半干阑。全干阑为典型的全木结构高脚干阑，主要分布于龙胜、三江、融水、忻城、龙州、田林、隆林等县的边远山区。

半楼居多依山而建，劈坡为平台，后半部以屋基平台为居住面层，前半部则立柱悬空为楼，上铺楼板与平台找齐，形成半边楼。这类干阑主要是分布在河池地区。壮族麻栏的平面布局与空间构成是顺应自然，因地制宜，依自然条件的变化而调整，形成人与自然和谐相融的人居环境（图6-1-11、图6-1-12）。

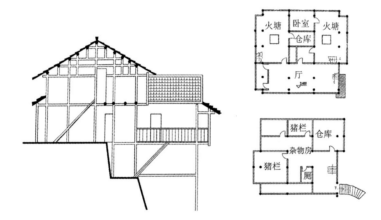

图6-1-11 广西麻栏"半楼居"

图6-1-12 广西麻栏"全楼居"

麻栏民居有一幢三开间、一幢五或七开间，以致一幢九开间的也有，视其家庭人口多少和富裕情况而定。平面形式基本为矩形，所有功能空间都是在矩形平面内进行组合，从而产生多变而适应生活居住不同要求的平面空间形态。一般为一幢三、五开间的建筑比较普遍。此外，主屋两旁多加建偏厦、谷仓、小间、抱厦、晒排等，这不仅增宽房屋的使用面积，还体现平面空间组合的灵活性。

麻栏一般为三层，上层放粮食或杂物，中层住人，下层圈放牲畜家禽。入口用方块石条砌成数级阶梯而上，从室外进入居住层面。居住层平面布局为"前堂后室"型。平面形态有呈"门"字形、"川"字形、"二"字形或其他形式。"门"字形空间是将卧室、杂物间等围绕厅堂或火堂间呈三面围合；"川"字形空间是将卧室、杂物间于厅堂两侧布置；"二"字形是将卧室、杂物间等与厅堂平行布置，因此麻栏平面组合丰富变化。

居住层平面一般以厅堂为中心，堂屋与过间组成高大的内部空间，火塘间独立设置，望楼（外廊）是开放性空间。私密性的卧室、仓房不对外。居住用房都通过厅堂进出，或敞其一面与堂屋过间的空间相通。正厅两则，无论三间五间，均以木板或竹片为壁进行隔离，木板还雕刻着有花鸟虫鱼之内容的图画；隔板是活动的，遇上喜庆婚嫁，可以敞开摆桌设席。总之平面无论怎样布局，都要把神龛放在堂屋中轴线上（图6-1-13）。

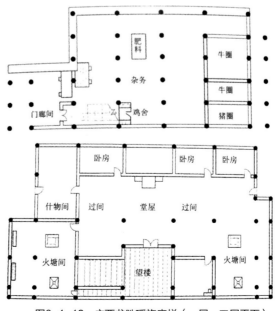

图6-1-13 广西龙胜瑶族麻栏（一层、二层平面）

居住层厅堂的前面设有挑廊与望楼，望楼是麻栏的特色空间要素之一。它是一个半开敞空间，面积约为4~8平方米的矩形平面，外挑于麻栏的前部，两端有下垂吊瓜，吊瓜柱头略加装饰。

麻栏建筑还附设有晒排，一般建于麻栏前檐外或火塘间附近的向阳面。晒排是用木构搭建并平行于楼面的露天平台，约20平方米，不设围护栏杆，也无顶盖，具有晾晒物品和纳凉之功能。

壮族麻栏的立面规整朴实，两侧常设有偏厦，作辅助功能使用，由于偏厦的增设，使建筑外观造型规整中富有变化。麻栏屋顶外观多为悬山式，与干阑建筑略有异趣（图6-1-14~图6-1-17）。

图6-1-14 广西壮族麻栏平面及透视图

图6-1-15 广西壮族麻栏实景图

图6-1-16 广西融水整垛苗居

图6-1-17 广西麻栏实景图

6.2 西南主要几种干阑建筑空间差异性比较

早先流行于长江中下游及华南地区的干阑建筑，后来由于种种原因而广泛分布到我国西南山区。在西南地区使用干阑式建筑的民族颇多，主要有傣族、侗族、苗族、瑶族、壮族、布依族、景颇族、德昂族、独龙族、傈僳族、布朗族、基诺族、哈尼族、佤族、毛南族、水族、拉祜族等。西南各民族使用的这些干阑建筑既有共性也有个性。这里就几种主要的干阑式建筑空间作分析比较。

6.2.1 平面空间序列比较

如果说，围绕堂屋布置各使用空间，形成以堂屋为中心的放射形平面空间布局是苗族、壮族干阑民居的空间序列特征，那么，侗族、傣族、景颇族干阑民居则采取以入口轴线方向为导向的平面布置形式，即有宽廊（展、前廊）—火塘间—寝卧空间的序列特征。它们的空间序列关系是前—中—后的纵向平面序列格局。

苗居、壮居、侗居、傣居、景颇居的平面空间都是根据不同的使用性质，而采取了不同的开敞与封闭空间。两者的区别在于苗（图6-2-1、图6-2-2）、壮空间序列为放射形的平面布局，侗（图6-2-3、图6-2-4）、傣（图6-2-5、图6-2-6）、景颇（图6-2-7、图6-2-8）为纵深方向的平面空间序列格局。

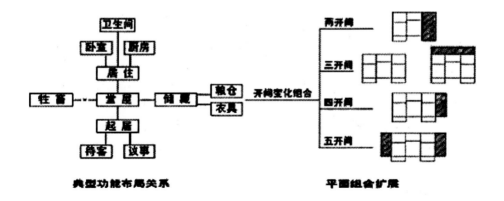

图6-2-1 苗族民居空间构成分析

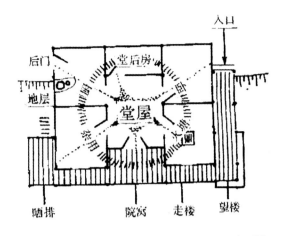

图6-2-2　贵州苗族吊脚楼放射平面空间布局

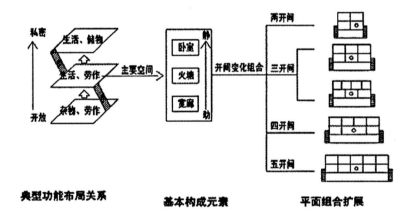

图6-2-3　侗族民居空间构成分析

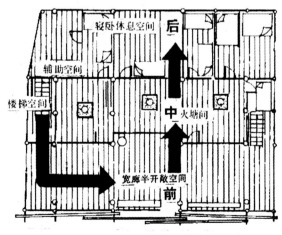

图6-2-4　贵州侗族木楼纵向平面空间布局

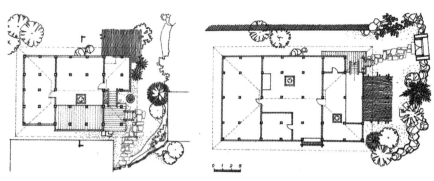

孟连型傣族竹楼平面图1　　　　　　　　　　孟连型傣族竹楼平面图2

图6-2-5　孟连傣族竹楼纵向平面空间布局

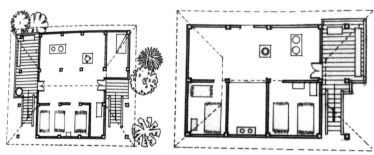

金平型傣族竹楼平面图

图6-2-6　孟连傣族竹楼纵向平面空间布局

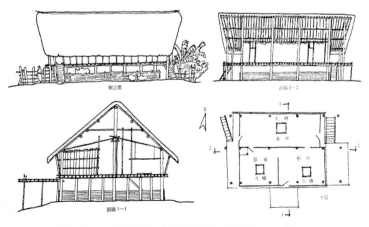

图6-2-7　瑞丽景颇族"长脊短檐"竹楼纵向平面空间布局

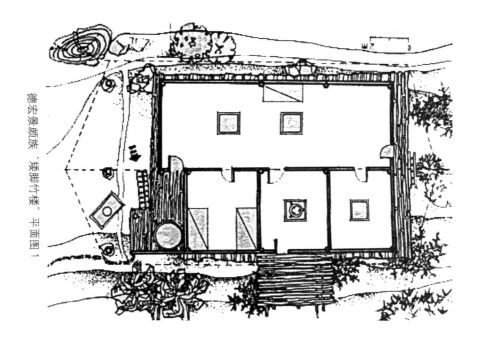

德宏景颇族"矮脚竹楼"平面图1

图6-2-8 德宏景颇矮脚竹楼纵向平面空间布局

6.2.2 居住方式比较

侗族、傣族、景颇族竹楼、壮族麻栏等全干阑木（竹）楼与苗族吊脚楼的居住方式差异在于：前者的架空支座底层，一般以饲养牲畜或堆放杂物为主，二层设置宽廊、前廊、火塘间及小卧室，侗族木楼顶层通常还有阁楼。这些民族居住层面架空，将楼层作为日常起居的主要场所，是全干阑建筑重要的生活居住特征。

苗族吊脚楼的生活居住层面虽然也是"上人下畜"，但居住层楼面仅部分架空，另一部分与坡坎或地表相连。据说苗族建房有"粘触土气、接地脉神龙"的生活习俗，认为只有这样建造的住房，才能人丁兴旺子孙繁衍。因此可以看出，苗居的生活面层并不是全架空，这是两者居住方式上的根本区别（图6-2-9）。

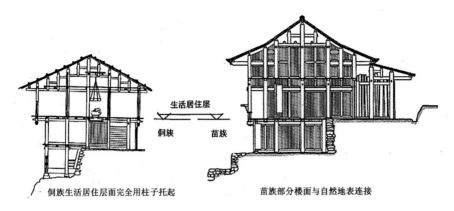

生活居住层

侗族　　苗族

侗族生活居住层面完全用柱子托起　　苗族部分楼面与自然地表连接

图6-2-9　苗居半干阑与全干阑生活居住层面的区别

　　此外，全架空的干阑建筑与吊脚楼区别还在于，前者用柱子将建筑完全托起，吊脚楼则部分柱子支托、部分置于坡岩。这也是两者存在的差异（图6-2-10~图6-2-12)。

正立面

二层平面

底层平面

图6-2-10　广西龙胜麻栏架空生活面层

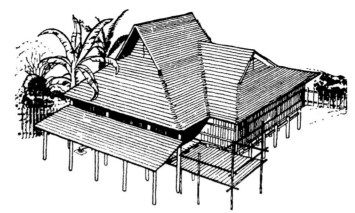

图6-2-11 云南傣族干阑竹楼底（陈从周《中国民居》）

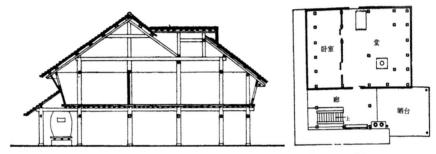

图6-2-12 云南傣族干阑竹楼底层架空（陈从周《中国民居》）

因此，全干阑建筑的住民以抬高居住面层方式建立安全感，同时还可以最大限度适应起伏变化的地形，适应炎热多雨的气候，适应不易清理的地貌环境及虫蛇、猛兽的防御，河岸低凹地带还能防御水位高涨的侵袭。而吊脚楼是为适应狭小场区或坡度较大地形上建房，以求创造更多居住空间的一种建筑形式，半干阑与全干阑虽然同出一宗，但就其本质还在于不同族源的差异，不同民族的生活居住方式，不仅受外界环境影响，还与本民族的观念形态、行为方式和生活习俗影响分不开。

6.2.3 室内外中介空间比较

侗族木楼、傣族、景颇竹楼以及苗族吊脚楼、壮族麻栏等都设置有室内外中介空间。宽廊是侗居的重要特色之一。宽廊在侗居中除作为休息、手工劳作空间外，还具有社交和联系室内其他空间的多种功能。在侗居的宽廊内，往往布置供家庭妇女劳作的纺纱、织布机之类的工具，在沿栏杆一侧放置供休息交谈的座凳。廊道栏杆多为竖向设置，有的为了遮阳挡雨，在栏杆顶部还增设一道挑檐。

　　宽廊是侗居内外空间的中介，为父系大家庭公共起居使用的空间，又是妇女从事家庭纺织等劳作的场所。它一端与楼梯相连，一侧与廊道平行布置的各小家庭的火塘间、卧室等使用空间相通。半开敞式的宽廊可以改善室内的封闭性，改善心理环境和扩展视觉境界。因此宽廊的双重性在于，它的空间界限似清楚又不明确，似围合又通透，似独立又依存，在侗居中确是一种极富人情味的过渡空间（图6-2-13、图6-2-14）。

图6-2-13　侗居内外空间的中介—宽廊

图6-2-14　景颇竹楼入口设置前廊、晒台

　　景颇竹楼于山墙面入口随宜布置前廊、晒台。傣族竹楼则以外廊和"展"（晒台）作为中介空间，是不可或缺的重要组成部分。其功能都与侗居的宽廊相类似。而苗居和壮族麻栏则利用退堂、敞廊、挑廊与望楼等过渡空间，使室内空间扩大和延伸，内外空间相互融合，获得丰富而变化的视觉空间效果，使建筑入口部分的处理具有"流动空间"的意境，从封闭的堂屋室内空间出来，经过退堂挑廊与望楼等半户外空间，再至户外。其空间序列获

得了"封闭-收束-开放"的空间变化效果，增加了家居的生活情趣。因此，不同干阑和半干阑建筑的室内外过渡空间，可以采取不同形式的空间手法表达，都可以取得相同的使用效果（图6-2-15、图6-2-16）。

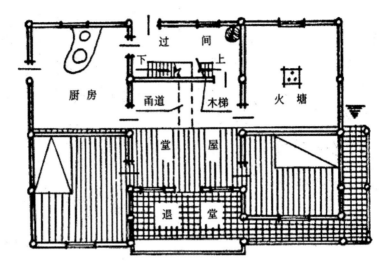

图6-2-15　某苗居平面的退堂空间

图6-2-16　广西龙胜壮族麻栏挑廊与望楼

6.2.4 入口位置比较

入口位置设在山墙面，这是传统的侗居以及干阑竹楼与正面入口的吊脚楼、麻栏在平面布局决然不同的特征之一，处理方法也不一样。侗族干阑建筑入口是通过设置在山墙端部偏厦内的单跑楼梯，至生活平面层的宽廊，再进入到各生活空间。傣族、景颇族竹楼则是从山面的外廊、"展"（晒台）或前廊进入室内。麻栏从正面入口；苗居入口多通过设置在侧向山墙与户外岩坎相联系的半开敞曲廊，转折进入退堂，然后再进入堂屋。也可以看出各自的入口位置和方式也都各有差异（图6-2-17、图6-2-18）。

因此看出，建筑功能与建筑类型的差异，是自然环境和民族文化特殊性的反映，说明不同民族的生计方式，支撑着不同的文化类型和民族个性，并且不断地影响着建筑文化传统和建筑风格，并且也使中国西南地区各民族干阑建筑具有多元文化的特性（表6-2-1）。

图6-2-17 侗居入口位置设在山墙面

图6-2-18 傣族山墙处设入口

西南地区几种主要干阑建筑比较表　表6-2-1

要素	苗族吊脚楼	侗族木楼	傣族竹楼	景颇族竹楼	壮族麻栏
语系	汉藏语系、苗瑶语族苗瑶语支	汉藏语系、壮侗语族壮傣语支	汉藏语系、壮侗语族壮傣语支	汉藏语系、藏缅语族景颇语支	汉藏语系、壮侗语族壮傣语支
人口	1300万	287万	115.9万	13.2万	1617.88万
主要作物	水稻	水稻	水稻	水稻	水稻
村寨分布	山地和缓坡地段	近水楼居	近水楼居	山地和缓坡地段	山地及浅丘地区
聚落中心	宗祠等议事场所	"鼓楼"为中心	"宰曼"、"寨心"无固定场所	"目脑柱"、无固定场所	无固定场所
建筑类型	半干阑吊脚楼	干阑木楼	干阑竹楼	矮脚竹楼	麻栏
平面	呈长方形或方形	呈长方形，向左右扩展形成"长屋"	接近于方形	中柱为界，纵向划分，堂屋与卧室、厨房各据一侧	呈长方形
生活层面	于二层	于二、三层	于二层	于二层	于二层
入口位置	山墙处有上下楼梯	入口位置设在山墙面	山墙处有上下楼梯	设于山墙面	正面入口设梯而上
廊	有外廊及"望楼"及"晒台"	设置"宽廊"	有外部及"展"（晒台）	山墙入口设前廊	有外廊及"望楼"
空间序列	以堂屋为中心，卧室、火塘、杂物间、后堂房呈放射状布置	宽廊-生活起居的火塘间-寝卧空间纵向序列	前廊-堂屋-卧室纵向序列	堂屋-各小空间，纵向划分左右序列	前堂后室，左右耳房横向序列
剖面	二层	三层	二层	二层	三层
屋顶形式	悬山屋顶，山面出厦，也有歇山顶	悬山屋顶，山面出厦	歇山式顶，高大峻急	"长脊短檐"倒梯形	悬山屋顶，山面出厦
用火	独立设置火塘	独立设置高火塘	进门处设火塘	火塘离地	独立设置火塘
谷仓	根据地形加建谷仓及晒排	于阁楼层	于竹楼内围出仓贮	竹楼内	根据地形加建谷仓及晒排
结构形式	穿斗式木架构叠加式木构体系	支撑结构或整体结构	木构架承重或全竹构架不完善的横向构架	竹木纵向柱列体系	穿斗式木构架

6.3 本章小结

1.中国西南地区各民族使用的干阑建筑是最古老、最原生巢居的体现。它们既有共性也有差异。不同民族的生计方式，支撑着不同的文化类型和民族个性，不同民族具有不同的建筑风格，构成一组典型的西南干阑建筑类型和富有个性特色的干阑建筑文化，同时也使西南地区干阑建筑具有多元文化的特征。

2.西南地区的干阑建筑空间形态特征要素体现在支座架空层，随宜布置在山墙侧面的入口的楼梯空间，宽廊、外廊、望楼或"展"（晒台），家庭的核心火塘间，寝卧空间，贮藏空间等方面。

7 | 于阗建筑外部空间形态

　　中国西南是一个多民族聚居地区，各民族建造的干阑建筑，简单实用，与周边自然环境和谐统一，相互交融，充分展示了深邃的文化内涵和迥然不同的民族特色，从一个侧面窥见中国西南地区干阑建筑的丰富多彩。西南各民族干阑建筑，是经过长时期实践、演变和发展形成的，它不仅在平面布局上，而且在建筑外部空间形态上都呈现出独特巧妙、内涵丰富的生动景象（图7-0-1~图7-0-5）。

图7-0-1　从江侗寨

图7-0-2　贵州干阑建筑外部空间　　图7-0-3　广西三江阳程民居

图7-0-4 广西麻栏建筑外部空间

图7-0-5 巨洞吊脚楼

7.1 丰富的建筑形象

不同的建筑形象缘于不同的生存环境、居住习俗和使用功能，也能反映各民族在创造历史文化过程中，顺应自然、改造自然的现象。干阑建筑最大特点就是依山就势而建，贴壁凌空而立，特别是在苗岭山区、都柳江畔，星罗棋布的苗村侗寨，全是鳞次栉比的干阑木楼。这些干阑木楼造型因地制宜，以多变的建筑处理适应不同的外部地形，利用自然环境如岩、坡、坎、沟和水面等提供的条件，采取架空、悬挂、叠落、错层等处理手法，使干阑建筑造型自然而不造作。立面因势就势，随坡起伏。充分发挥竖向组合的特点，纵深配制、高低错落，利用不同层次的变化，次第展开，使整个建筑造型舒展大方。三段式组成的干阑木楼架空的底层四壁通，中间居住层饱满厚重，大坡度屋面古朴粗放。立面虚实相间，线条横竖穿插，韵味无穷。同时以其亲切近人的尺度、横线条为主的横向比例、层层出挑形成的阴影、轻盈的悬虚造型、透空与围合手法、活泼的不对称构图，并通过增减开间和富有弹性的变化，使干阑建筑外部建筑形象展现出形体美、层次美、轮廓美、空间美，充分映现干阑建筑与环境的协调和谐。这些变化都源于因地制宜、天人合一的思想，源于对周边自然环境的顺应（图7-1-1、图7-1-2）。

图7-1-1　贵州镇远半干阑吊脚楼

图7-1-2　贵州西江苗寨干阑建筑群

然而干阑建筑在变化中具有不变的元素。如有共性的基本单元，有上、中、下基本不变的功能剖面，还有共性的半开敞空间宽廊、望楼、挑廊等建筑要素，这些极具民族特征的内容，正是构成干阑建筑在多变的外在表象中能够取得统一和谐的重要因素。

位于云南沧源、阿瓦山区，以及澜沧、孟连、勐海一带生活的佤族、拉祜族，这些地区建造的"鸡笼罩"、"木掌房"造型别致，尚保持着早期干阑的房屋居住形态，低矮的楼层被深深的屋檐遮盖，硕大的黄色草顶淳朴自然，整幢建筑不加装饰，在周围的竹木掩映下极具特色，充分反映不同的地域文化特色（图7-1-3、图7-1-4）。

图7-1-3 云南拉祜族民居"鸡笼罩"

图7-1-4 云南佤族木掌房外部空间

此外，苗族、侗族以及渝西一带依山而建的半边吊脚楼，建筑造型特色更为明显。半边吊脚楼一般四榀、三间、三层、不封闭，也有四间的，但必须三高一矮。个别受到地势限制或财力限制时，也有三榀两间甚至两榀一间的苗居。吊脚楼的基本特征是，柱脚不在同一平面上，以达到高低错落、虚实相间的艺术效果（图7-1-5、图7-1-6）。

图7-1-5　贵州西江苗族吊脚楼

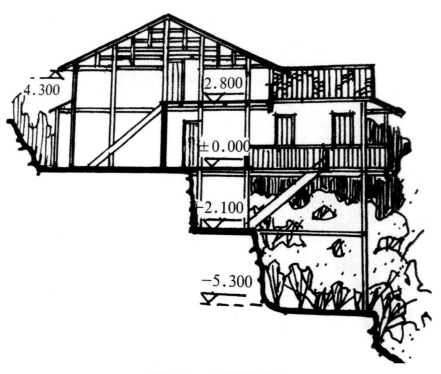

图7-1-6　广西龙胜伟江银宅

干阑民居的屋顶保持有质朴的本色，屋顶形式有两坡悬山顶、歇山式屋顶，也有少量的四坡顶形式。黔东南地区，采用悬山式屋顶尤为普遍。悬山屋顶做法又分悬山加山墙偏厦、悬山横向叠错、悬山前部梯厦（开口屋）等不同形式。不同形式的屋顶并无明显的等级标志，更多的却是反映居住内在功能上的差异。然而随历史、社会及文化因素的影响，屋顶除满足遮风避雨基本的功能外，审美要求也成为重要的组成部分（图7-1-7、图7-1-8）。

图7-1-7　贵州苗族民居悬山顶　　　　图7-1-8　贵州苗族民居歇山顶

干阑民居屋面具有功能与美观相结合的特点，屋面坡度采用五步水（1:4），曲线流畅、平缓，形态优美。贵州黔东南林区，木材、树皮材料得天独厚，屋面材料至今仍有树皮代瓦的例子，以及树皮与小青瓦、树皮与茅草混用的实例（图7-1-9、图7-1-10）。

图7-1-9　干阑民居茅草屋顶　　　　图7-1-10　杉树皮材料屋面

干阑建筑木构梁、板、柱等结构构件不加掩饰，外表一般不施油漆，显示材料质感，它以简单朴实的梁、柱纵横穿插、勾搭、咬合，承受着上部楼板与屋顶的重量。如此清晰的结构逻辑传达一种内在美的信息，构成了外形质朴的建筑风格。干阑民居通过水平方向重复的屋檐和腰檐与垂直方向的廊沿列柱，构成了连续而规则的韵律，而梁头、垂柱脚的露明，又起到节点装饰作用，让人们产生一种形态美感，建筑整体呈现一种朴素的结构美，反映出干阑建筑丰厚的生态特性和文化内涵。

7.2　质朴的建筑装饰

干阑建筑的建筑装饰就地取材，同时融合民族文化特色，形成质朴的建筑风格。干阑建筑的装饰着力于走廊、吊厢栏板，"吊柱"柱头、挑枋、穿枋的外露部分，以及窗棂的花心等部位。

干阑建筑一般都有宽敞的走廊，苗居的堂屋外还安有美人靠，苗语叫"豆安息"，在苗族的吊脚楼中随处可见。人们在走廊可凭栏而坐，休憩眺望（图7-2-1、图7-2-2）。

图7-2-1　贵州苗族民居美人靠　　　　　　图7-2-2　贵州凯里季刀寨苗族美人靠

苗族干阑民居装修多用木枋或厚板装潢，还将连楹和门斗刻意做成牛角形，大门尺寸上宽下窄、房门尺寸上窄下宽，以示有牛守门，如此认为便于财宝进屋，产妇安然无恙。连楹的生动形象反映出对龙、对虎、对牛的钟爱与崇拜，也反映出苗族特有的信仰崇拜和牛文化（图7-2-3、图7-2-4）。

图7-2-3 苗族民居牛守门手绘

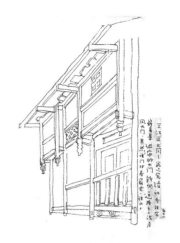

图7-2-4 贵州苗族干阑民居门斗

"吊柱"又称"垂花柱",在下垂柱头的20~30厘米雕刻花纹。花纹有金瓜（象征吉祥）、鼓形（欢乐）、灯笼（喜庆）、莲花（圣洁）等形状,内容不多,但形式多变,构思精巧,手法富于变化。运用简单几何形态,阳刻阴刻并作,构成丰富图案。雕工并不精细,但图案规整,线条流畅,与木楼风格协调。

斗枋的雕饰,趣味性极强,在枋头上以猪头、龙头、鸟雀、象鼻形居多,用双线浮雕刻成。枋头上的销（或栓）构成猪、象的两耳,妙趣横生。（图7-2-5~图7-2-8）。

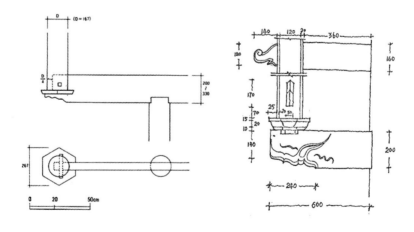

图7-2-5 侗族民居枋头

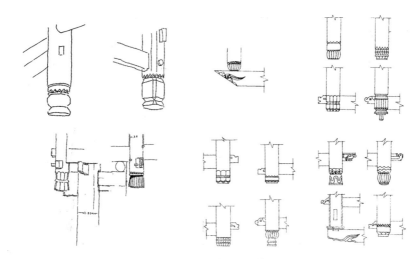

图7-2-6　侗族民居垂花

图7-2-7　侗族民居垂花实景图1

图7-2-8　侗族民居垂花实景图2

　　干阑民居的窗棂花心与栏板装饰也十分讲究，大都用组合方式构成纹样，并以平直线条风格为主，以"亚"字、冰裂纹、菱花纹等最为多见。雕饰朴实无华，体现了主人爱美、乐观的性格与吉祥如意的愿望（图7-2-9~图7-2-12）。干阑建筑在色彩上保留着原木的本色，不作过多的粉饰，呈观古朴的木质之美。

图7-2-9　窗棂花心

图7-2-10　干阑民居栏板装饰

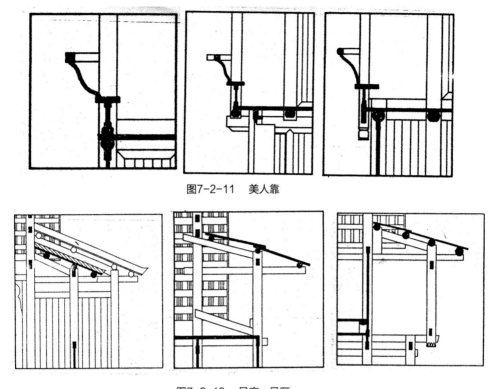

图7-2-11　美人靠

图7-2-12　吊廊、吊厢

　　作为村寨公共性建筑的鼓楼、风雨桥，已成为侗寨的建筑标志。其建造技术、建筑造型、装饰手法、社会功能等都具有强烈的民族特色，当为侗族建筑之冠。

　　鼓楼及风雨桥的装饰，归纳起来有三种现象。一是建筑造型本身需要，如为寻找建筑形体的变化，作折角飞檐、青瓦屋面、白灰屋脊、攒尖宝顶等。二是作为精神象征，集信仰、崇拜、纪念情感于一身，如崇拜图腾及自然现象，如龙、蛇、牛、风、雷、电等。三是传达信息、记录思想、延续风俗、传播文化。因此，侗族鼓楼及风雨桥的装饰图形粗犷稚拙、耐人寻味，乡土味很浓，在其他民族建筑中很少见到。总之干阑建筑外部空间形态独特巧妙，建筑装饰质朴大方，建筑风格融汇有深厚的民族文化内涵和地域文化特色（图7-2-13）。

图7-2-13 侗族公共建筑——鼓楼

7.3 本章小结

1.顺应自然、因地制宜，自然而不造作、以多变的建筑处理适应不同的外部环境，妙在多变的处理手法，是留给后人最大的启示。

2.干阑建筑功能简单实用，建筑与环境高度和谐统一，充分展示深邃的文化内涵和迥然不同的民族文化特色，从一个侧面窥见干阑建筑空间形态的丰富多彩。

8 | 干阑建筑文化的多样性

漫长的历史长河中，各族先民利用当地的自然条件，娴熟地使用乡土建筑材料，依山而建，临水而居，以顽强和坚韧创造了人与自然和谐的聚居形态和建筑文化。突显出"和而不同、和谐共生"的文化性格和精神境界以及干阑建筑文化的多样性。

8.1　干阑村寨与聚落

村落是人类聚落的童年，以产生的先后程序而言，一般说村落先于城镇，自古以来它一直是人类精神家园和物质家园的体现。村落又是民俗文化空间和实体的体现，因为村落为人们提供了接近自然和生态的居住场所。村落中的传统建筑及其环境，传递了直观的物质形态信息，承载着丰富的历史文化，它是一个有机的社会共同体，在充满混融性的集群活动中，充满着民族的认同、宗教的认同和社会行为规范的认同。中国西南山区的传统村寨分散在广阔山间、盆地或河谷地区，大部分是以血缘关系为纽带聚族而居，主要是以农业为主。村寨中的传统建筑，是居民生产、生活最为重要的物质载体。传统村寨建筑形态的形成与发展，是历史、社会、文化等因素共同作用的结果。干阑建筑较为集中的村寨通过建筑物、建造技术、以及各种材料，通过与自然环境的相互作用，因地制宜，其简洁的造型、自由多变的布局，是时间的积淀，是文化的积淀，向人们展示了人工与自然、建筑与风景之间的和谐。在传统文化中，村落不仅是物质生活的载体，更是精神审美的寄托，是传统村民们心理归属的空间场所。传统村落的格局，多受地理、历史和社会等多种因素的影响，村落布置格局，既有共性又有个性。形成个性与特质的一个重要方面，是在于它对环境和文化特殊性的重视，其个性反映在功能与类型的特征之中，表现在特有的与山地环境相结合的建筑形态之中。

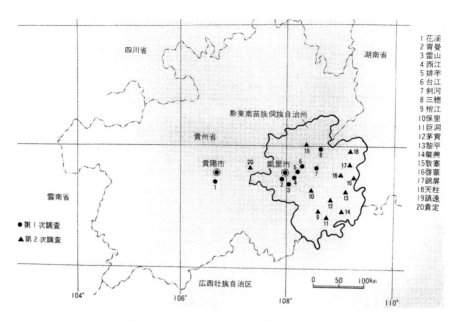

图8-1-1　贵州干阑建筑村寨较为集中的地区

8.1.1　侗族村寨

分布在中国西南贵州山区的侗族村寨，一般聚族而居，侗族干阑民居在适应自然与社会条件的漫长演变中，保持了传统特色，并形成了具有强烈个性的山地干阑民居独特类型。特征鲜明的鼓楼形成了侗族村寨的主要标志。并配有花桥和戏台，极富浓郁的侗族风情（图8-1-1）。

具有"七百贯洞、千家肇洞"之称的黔东南肇兴侗寨，全寨分为五大房族，分居于五个自然片区，都分别建有自己的鼓楼，并配有花桥和戏台，一个鼓楼代表一个族姓，从高处远眺，高耸的五座鼓楼竖立于村寨干阑木楼之中（图8-1-2、图8-1-3）。

寨心是村寨的灵魂，具有实质意义的村寨中心，大多体现在村民作为公共活动的场所空间。侗寨的群体空间形态，对所表现的村寨中心普遍重视的意识也到处可见，它以芦笙舞坪、戏台广场或是以集会场所的公共建筑——鼓楼作为标志。侗族村寨群体风貌充分映现出干阑建筑文化的多样性。

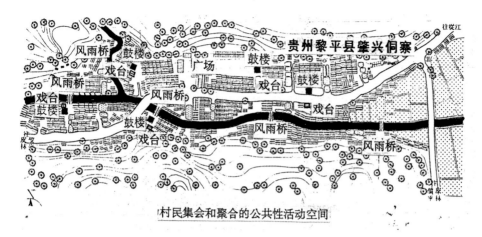

图8-1-2 贵州黎平县肇兴侗寨平面

图8-1-3 "七百贯洞、千家肇洞"之称的肇兴侗寨

8.1.2 苗族村寨

苗族与瑶族一起共同构成苗瑶语系。两个民族大概是同宗，贵州雷公山地区是苗族从中原向西南迁徙的最大、最集中的聚居区，其支系也比较多，形成了部落式的"自然地方"。苗寨的房屋大多为依山而建的吊脚楼，民房鳞次栉比，次第升高，别具特色。"依山而寨，择险而居"即为苗族村寨的一大特点。

　　雷山县郎德上寨，依山傍水，背南面北，四面群山环抱，茂林修竹衬托着古色古香的吊脚楼，蜿蜒的山路掩映在绿林青蔓之中，悦耳动听的苗族飞歌不时在旷野山间回荡。吊脚楼与底层全架空的干阑楼屋的区别在于因借地形，减少土石方的填挖量，适应山区地形起伏的特点，具有较大的灵活性，结构形式取决于外部环境，因此苗族吊脚楼是具有黔东南地区民族地域特色的山地干阑建筑（图8-1-4、图8-1-5）。

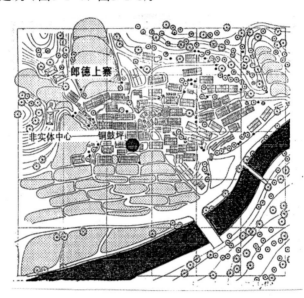

图8-1-4　郎德上寨总平面

图8-1-5　郎德上寨实景

　　寨门是村寨的重要限定要素，设立了寨门，就算确定了村寨的范围。在苗族住民的心目中，寨门具有防灾避邪、保寨平安的作用，同时这里也是迎送宾客的场所。侗寨寨门的入口标志性特别明显。走出寨门，就意味着离开文明的聚落社区走进了乡野，而进入寨门又表明你回到了文明之中。

　　苗寨几乎都有铜鼓坪或是芦笙场，铜鼓坪与芦笙场是同一地点的两种名称。它既是村民平时聚合的公共活动场所，也是苗族村民作为节日文化活动的空间。因此节日文化所具有的民族传统烙印，也为这些公共空间增添了浓郁的地域色彩（图8-1-6、图8-1-7）。

图8-1-6　贵州苗寨芦笙场

图8-1-7　苗族踩铜鼓舞

8.1.3 瑶族村寨

瑶族是一个山地民族，多居住在山区，其居住方式十分多样，但以保持较古老的干阑建筑形式最为普遍。云南、贵州的瑶族村寨一般是一寨一姓，皆为同族兄弟。而且普遍修建一种极其简单的干阑建筑"叉叉房"。瑶族"叉叉房"用天然树干、树枝绑扎而成，四周围以芭茅秆，屋顶用茅草覆盖，不开窗户，留有原始干阑建筑的痕迹。"叉叉房"平面一般为三开间，室内分隔简单。所谓的"叉叉房"是对其构架支撑柱子的直观描述。随生活条件的改善，半干阑式房屋和干阑式瓦房，成为瑶族更愿意接受和采用的民居建筑（图8-1-8）。

图8-1-8　云南"叉叉房"聚落群貌

瑶麓传统有特色的原始民居则是"长屋"，长屋建筑为长方形平面，一般为五间两厦或四间两厦，属于典型的干阑式建筑。一幢长屋分为六等或七等分的六间或七间住房，一个家族住在同一幢或相邻的几幢房屋，户数不等，根据长屋的分割而定。旧时的房屋多为"二檐滴水"，即在顶檐下1.3米处架设二檐（矮檐），既可遮挡房屋下半部的风雨，又可以晾晒杂物。一个长屋大家庭中的每一户小家庭都有自己的卧室和火塘。瑶族圆形粮仓和方形粮仓也极具干阑文化特色（图8-1-9）

图8-1-9　贵州瑶族村寨及粮仓

8.1.4　傣族村寨

傣族是古代百越族群的后裔，大多分布在滇西南和滇南的边境地带。有传说，傣族先民居所很有可能是先洞居，后巢居，再发展到住竹楼。

云南西双版纳和德宏地区的傣族村寨竹楼最具代表性，坡度较陡，重檐居多，屋面交错组合，类似歇山顶式的屋面，短正脊，歇山式，大屋面的人字形屋顶造型美观，形制多变，人们称其为"诸葛帽"的，外形轮廓形状丰富，像一顶巨大的帐篷。屋脊象征凤尾，屋角犹如鸳鸯的翅膀，特别具有民族地域特色。成片的竹林及掩映在林中的一座座秀美别致的竹楼，这是傣族人民世代居住的家园。平面呈方形的傣族竹楼用木桩作底，上层房前有前廊和晒台，房内用竹篱笆隔出堂屋和卧室。竹木结构的歇山式屋顶，成主次交错组合，有"草排"覆盖。傣族竹楼外形质朴，一般不做过多的装饰，更多的是利用材料的本性，常在楼梯、檐口、挑廊的栏杆及门窗洞口作少量用木板雕琢成的花纹作装饰点缀。

一个傣族村寨犹如一个大家族，有寨头、寨尾、寨心、寨门等组成，村寨中心是祭祀寨神、勐神的地方。寨门是村寨象征性出入口，傣族村寨内民居多散点式或棋盘式布局形式，由纵横道路划分成宅基地，每户各占一块，形成各自一个院落的布局形式（图8-1-10~图8-1-12）。

图8-1-10　景洪曼买杖总平面示意（《云南民居》）

图8-1-11　傣族村寨群体风貌（《云南民居》）

图8-1-12　德宏州潞西市傣族合院民居群落

8.2 干阑式住宅和粮仓

8.2.1 几种典型干阑住宅

（一）干阑长屋

长屋又称长房，即长度远远超过普通房屋，有人称之为公共住宅。长屋的住户并不单是一个小家，而是扩大了的家庭乃至一个氏族，有时一个长屋构成一个村寨。因此长屋一定程度具有防御意义，是家族或氏族的一种直接的功能体现，它是介于单体住宅与村寨之间一种特殊的干阑建筑聚居形式。长屋的发生地点、传播路线和分布范围都与干阑建筑大致相同，具有明确的渊源关系（图8-2-1~图8-2-4）。

图8-2-1　保里侗族长屋

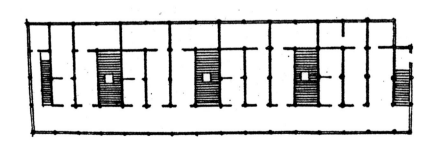

图8-2-2　贵州榕江保里侗族长屋平面

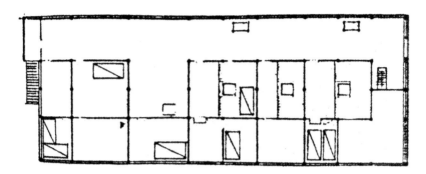

图8-2-3 贵州榕江保里侗族长屋平面（杨秀长宅）

图8-2-4 贵州榕江保里侗族长屋剖面（杨秀长宅）

（二）混合式梁架干阑住宅

贵州从江县高增侗寨孟锦华宅的特殊性在于屋架类型为穿斗式与梁架式混合屋架，该干阑住宅为两者结合的半接柱建竖房架结构。底座架空，前后檐柱的上柱出挑。这组屋架前半部采用类似穿斗式构架形式，以柱和短柱承檩；后半部则是以一根沿着屋面坡度的斜梁承檩。分析采用此混合式屋架可能是由于前半部具有宽廊功能，由于使用功能要求，不宜设立柱之故，但从后半部可以看出，屋架依然保留着早期干阑建筑的构架痕迹（图8-2-5）。

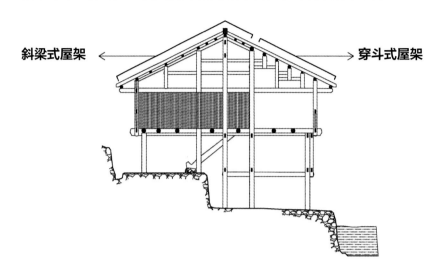

斜梁式屋架 ← → 穿斗式屋架

图8-2-5　从江县高增侗寨孟锦华先生家剖面

8.2.2　干阑粮仓和粮仓群

以农耕为主的古代社会中，粮食储藏在人们的生活中历来是至关重要的大事，因此，以满足储藏粮食的要求为主要功能的仓房，始终是人类营造活动的一个重要内容。由于仓房更多地保留着干阑建筑的固有特征，因此它对我们今天了解干阑建筑的早期格局无疑是有帮助的。

贵州山寨村民粮食储存方式有几种，靠近汉族居住并受其影响的村寨是将寝室的一部分围合起来，或在寝室里放一个大笼子收藏稻谷。较远的山间苗族、侗族村寨则是在住宅附近修建粮仓来收藏稻谷。地处偏僻的侗族巨洞寨修建的粮仓，是在距村寨不远的地方集中修建干阑式粮仓群。

（一）干阑式粮仓的平面类型

粮仓平面是由两开间贮藏室构成，采用檩柱结构，结构形式接近民居的穿斗式房架结构（图8-2-6）。

图8-2-6 一间和两开间粮仓

干阑粮仓按建筑形式可分为三类，即群仓、单仓、阁楼仓，其中，前两类以干阑式为主。这三类谷仓按其功能又可分三种：纯属存放谷物（图8-2-7）、既作谷仓又配置禾晾栏杆（图8-2-8）、纯属禾晾小楼或临时存放禾把。

干阑粮仓的平面开间有一开间、两开间，还有少量三开间类型（图8-2-9、图8-2-10）。

图8-2-7 单一粮仓图

图8-2-8 禾晾栏杆和谷仓合一的粮仓

图8-2-9 一开间粮仓图

图8-2-10 两开间粮仓

（二）干阑式粮仓结构与构造

干阑粮仓的梁柱结构，采取横梁与纵梁上下交错穿入柱子的方式固定。梁枋的前后左右都出挑与垂花柱连接，支撑屋檐。壁板穿过立柱两侧的板槽，横向插入，形成箱式的贮藏空间。屋顶的阁楼类似于干阑住宅的形式，即立柱支撑横梁，横梁上立短柱，檩木搁在短柱上。短柱及柱子的顶部扣槽与檩木相接，檩木上设置橡条，橡条上盖树皮。为防止松动，树皮上面用横木条或纵木条固定。贵州巨洞寨的二层粮仓，还特别设计了可以晾晒稻谷、蔬菜的杆件（图8-2-11）。在入口处装有垂花柱装饰。

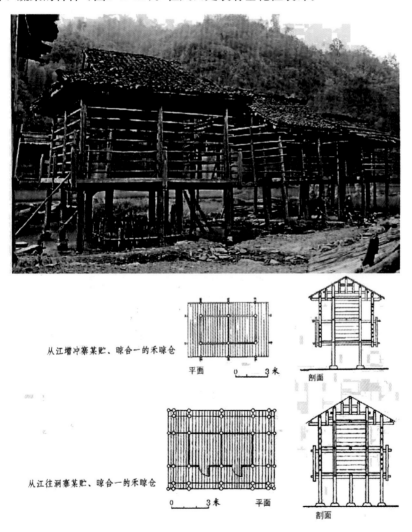

图8-2-11　侗族的二层粮仓

干阑式谷仓的架构形式多样,仅顶部架构就可分为四种:柱、瓜、枋穿斗结构(C04、C05、C06、C07);用两根连接的短柱撑顶称为束柱或蜀柱(C05);短柱两侧加斜撑构成三角梁的叉首式承重顶部(C06、C07);在上一种的基础上架檩钉椽,但斜撑柱不作承重(图8-2-12)。

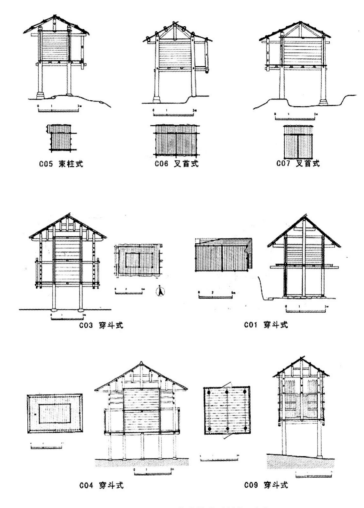

图8-2-12 谷仓的多种构架形式

(三)干阑式粮仓群

巨洞寨位于黔东南沿都柳江北面的倾斜地带,是一个沿坡地而建大约有150户居民的密集村寨。村寨东、西两端及中部山坡建有三处干阑式粮仓群。东部的粮仓群共计有52栋,分7排横排成列,一直延伸到村东小河两岸。为防止火灾,粮仓修建在村寨外围。

52栋干阑式粮仓中,一开间41栋,两开间有11栋。粮仓的下部支座层全都用立柱支撑，支柱空间作为存放建筑木材或棺木使用（图8-2-13、图8-2-14）。

图8-2-13　从江县巨洞粮仓群

图8-2-14　粮仓群

(四)水上干阑式粮仓

黔东南雷山县城南1.3公里的新桥村，这里的干阑式粮仓建在位于村寨中央的低洼处的水塘上，这些粮仓始建于一百多年前，每间面积约25平方米，可储粮5000公斤左右，尚有40多幢至今都还在使用。粮仓布置排列整齐，用青石块垫基脚，6根木柱置于石墩上。仓高约3.5～4米的粮仓，在离地面1.5米处，有横枋将6根柱子连起来，再横向安装楼板及壁板。粮仓屋顶采用青瓦或杉树皮覆盖。住户用木梯上下取放谷物。水上粮仓可以防鼠，防虫蛀、防火灾，以及保持粮仓的干湿度（图8-2-15）。

图8-2-15　雷山县水上粮仓

(五)圆形干阑式粮仓

进入贵州荔波漳江一带的瑶山,这里的"白裤瑶"同胞,其贮粮方式采用独特的茅草攒尖顶圆形干阑式粮仓。它已成为识别瑶族村寨的一个重要标志。干阑式圆仓建在池塘边稻田上,为有利于防火同干阑木楼保持一定的距离。

瑶族干阑式圆仓有两种架空形制:一为圆攒尖顶,上覆盖茅草;一为方仓青瓦歇山顶,覆盖青瓦。圆仓以篾折围护,方仓用木板装修(图8-2-16、图8-2-17)。

图8-2-16　瑶族圆形粮仓和方形粮仓1

图8-2-17　瑶族圆形粮仓和方形粮仓2

干阑式圆仓的结构属于支撑框架体系，它由4根或6根短柱作为下部支撑平台，圆仓房架置于平台上，这就使我们联想到早期干阑建筑的构架形式。

干阑式圆仓仓房底板留有空隙，以确保仓内通风。粮仓独到之处是安装有防鼠装置，短柱顶端置有圆形或方形薄板，或鼓形陶坛，以防止老鼠及其他小动物沿着柱子爬进仓内（图8-2-18），这种形制的粮仓具有悠久的历史。

图8-2-18　瑶族粮仓的防鼠装置

8.3 干阑建筑类型的公建设施

村寨族群聚居的生活方式，必然要求有可供集体交往的场所，以作为精神上和物质方面的支柱，这种集体交往实现的途径，就是通过村寨的公共建筑来进行。因此在族群聚居环境中，公共性建筑的作用不可低估。贵州东南、桂西北以及湘西一带侗族村寨标志性干阑式公共性设施主要有鼓楼、风雨桥、戏台、凉亭、妈祖庙等。

8.3.1 侗族鼓楼

鼓楼是侗族一村一寨或同一族姓聚众议事的多种文化活动中心，也是侗族聚落的重要标志。地板架空式鼓楼，应该归纳到干阑式公共建筑的范畴。

鼓楼的类型有层檐间距较大的楼阁式，有集塔、阁、亭于一体，具有宝塔之英姿、阁楼之壮观的密檐式两种。鼓楼的平面形式有四边形、六边形、八边形等几种，均多采用。鼓楼结构分多柱和独柱两类，干阑式木结构鼓楼大多用4根大杉木作为主柱，直达楼顶，另立副柱外加横枋（12根衬柱）。一般多选用1根雷公柱、4根中柱、12根檐柱的结构布置，侗民们将其解释为一年四季十二个月，寓意"日久天长"。中柱整根高耸，有较大侧脚，相临两柱以穿枋拉接，组成四面或六面稳定的筒架。檐柱间以额枋联系，并以穿枋与中柱连接。

贵州增冲鼓楼平面呈正八边形，高21.5米，为穿斗式13层密檐双层楼冠八角攒尖顶。置于一长4.5米、宽4.7米、高为0.8米青石砌成的方形平台上，鼓楼落地柱12根，其中主承柱有4根，直径达480~500毫米，主承柱均置青石质圆鼓形柱础，另有檐柱8根，直径390~420毫米，各檐柱外置望柱，各望柱间铺长板坐凳，外沿置栏杆，主承柱与檐间施枋呈辐条状，穿枋上承瓜柱及檐檩。瓜柱隔四檐与主承柱用穿枋连接，承上层瓜柱，逐层上叠，紧密衔接，直至第十一重檐，第十一重檐之上为两层攒尖顶楼冠，形成内五层、外十三密檐双层楼冠建筑，主承柱与檐柱均有侧角。增冲鼓楼平面为"内四外八"造型，此种结构在黔东南地区很少见，它相对于"内八外八"的造型，不仅节约了四根主承柱，而且使得底层空间得以最大利用。

独柱鼓楼呈方形平面，平面正中仅立一根杉木中柱，下径约200毫米，在一人高处开始向上每隔一尺凿一榫眼，横插一木棍，即谓之独木楼梯。独木楼梯上达鼓亭，独柱不占底层面积，垂直攀登，在侗族鼓楼中较为少见（图8-3-1~图8-3-5）。

图8-3-1　黎平肇兴侗寨

图8-3-2　增冲鼓楼和则里鼓楼

图8-3-3 干阑式鼓楼——述洞独柱鼓楼

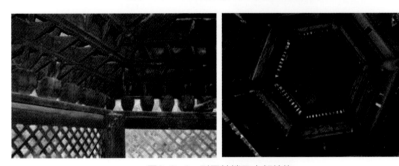

图8-3-4 则里鼓楼及内部结构

图8-3-5 鼓楼构架的营造

8.3.2 风雨桥

风雨桥是西南山区连接溪流两岸的交通设施，具有乘凉避雨的一种亭廊与桥梁。风雨桥屋顶能避风雨，故称风雨桥。风雨桥除独具奇特优美的造型外，还蕴藏着深厚的文化内涵。风雨桥，有建在河溪和旱地两种，旱地风雨桥，亦称"寨门"，溪流上建的风雨桥较多。它既是人们过往寨脚或河溪的交通设施，又是居民休息纳凉摆古论事、唱歌娱乐的交往空间。风雨桥集桥、廊、亭三者为一体，独具一格，是横跨溪河之上的交通建筑设施，为村民在山谷溪涧提供了安全方便的通道，风雨桥下部架空，上部是有庇护的供人们活动的空间，因此应当属于干阑建筑类型。

早期风雨桥由粗大的木桩柱墩、木结构桥身、长廊和亭阁组合而成。都以杉木为主要建造材料，凿榫衔接，横穿竖插，桥顶盖瓦。用巨木叠合成倒梯形结构的桥梁，抬拱桥身，使受力点均衡。后来桥墩采用石墩较多（图8-3-6)。

图8-3-6　桥梁巨木叠合架构

风雨桥因为用油漆彩绘，雕梁画栋，廊亭结合，故又称为"花桥"。花桥两侧设置有长凳，长凳外侧有竹节式或其他形式的花格栏杆。风雨桥建有单檐或重檐人字形悬山顶，有些在桥头两端和中间部分配有翘角攒尖歇山式屋顶。风雨桥绘有各种飞禽走兽、奇花异草、古代武士人物、风土人情等图案，活灵活现，璀璨醒目，给风雨桥增添了秀丽色彩。

侗族风雨桥营造，据史料记载，早在清康熙十一年（1672年）就有，距今有330多年历史。风雨桥多以杉木或大青石作桥墩，将圆木分层架在木支座或石墩上，用4根柱子穿枋成排，各排串为一体，呈长廊式建筑。桥面铺木板，桥两侧安有长枋木凳供人们休息。节庆时分，这里是唱拦路歌、饮拦路酒和吹奏芦笙的地方（图8-3-7）。

图8-3-7　风雨桥——长廊式建筑

风雨桥上高耸的亭顶，造型像伞，具有太阳崇拜的寓意，亭楼呈半封闭状，给人以家的感觉。雕梁画柱，体现侗民族人们爱美的心理及对崇拜对象的尊崇。旧时风雨桥上，常常插有香火，把花桥当作彩龙的化身、吉祥的象征。在贵州从江、黎平县仍然保存很多，风雨桥以它独特的建筑结构及艺术造型，成为中国建筑文化中的国粹。

贵州地坪风雨桥，始建于清光绪二十年（1894年），桥长50.6米，宽4.5米，桥上为木质结构，每排4根柱子穿枋成排，穿枋将各排串联成一体，形成长廊式，桥上3座桥楼突出，桥廊两侧设有通长的长凳供过往行人小憩。凳外侧设有梳齿栏杆，栏杆外有一层外挑的桥檐，既保护了桥梁木构免于日晒雨淋，又增添了桥的美感。桥顶两端和中部的3座桥楼，分别为歇山式和四角攒尖式五重檐楼顶，高约5米，尖端配置葫芦宝顶，远远望去形如鼓楼。桥楼翼角、楼与楼间和桥亭屋脊上塑有倒立鳌鱼、三龙抢宝、双凤朝阳的泥塑。中楼的4根木柱上，绘有4条青龙。楼壁绘有侗族妇女纺纱、织布、刺绣、踩歌堂，以及斗牛和历史人物等图画，天花板彩绘龙凤、白鹤、犀牛等，情景逼真，形象生动。整个桥身结构巧妙，造型技艺精湛（图8-3-8）。

图8-3-8　贵州地坪风雨桥

锦屏县者蒙花桥始建于民国二十三年（1934年），位于者蒙寨脚，横跨22米宽的者蒙河，桥长48米，桥身高4米，共17个开间，为双坡排水双重檐木构廊式建筑。桥的正中设一座三重檐的六角攒尖顶的空阁，高2.3米（不含宝顶），两端的桥楼为双重檐四翼角门楼。两座5米高的青石桥墩，上置圆木大梁。桥的两侧设有木栏坐凳，花桥造型舒展壮观（图8-3-9、图8-3-10）。

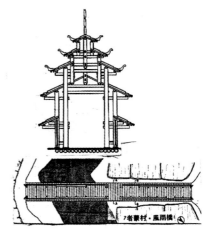

图8-3-9　锦屏县者蒙花桥

图8-3-10　花桥两侧的木栏坐凳

8.3.3 戏台

侗族是一个能歌善舞的民族，侗戏是具有独特民族风格的侗族文化艺术。出于对戏曲的喜爱和重视，戏台也便成为侗族村寨重要的公共建筑物之一。戏台一般与歌坪或广场同时出现，位置均设置在鼓楼附近，成为村寨主要的社交活动场所（图8-3-11、图8-3-12）。

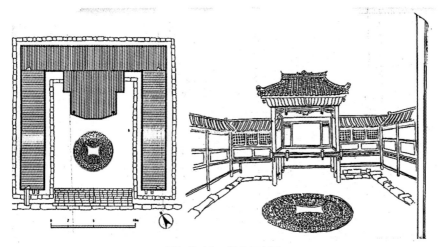

图8-3-11 戏台与广场

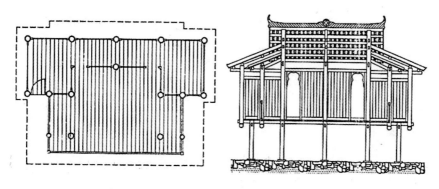

图8-3-12 戏台的平面、立面

素有"侗戏之乡"美誉的从江县，在290多个侗寨中有240多座戏台。侗乡戏台大多小巧玲珑、装饰大方、独具特色，对研究民族建筑和民族文化具有一定价值。

戏台的出现、发展与侗戏的产生、发展密不可分，戏台也随之而遍及侗乡。侗乡戏台都是建在鼓楼边，戏台前是空旷的歌坪。戏台、鼓楼、歌坪三位一体，形成了侗寨的文化娱乐中心。戏台大多是一楼一底的干阑式建筑。

从江现存干阑式戏台中，年代较远久的首推丙梅戏台。

丙梅戏台为悬山屋顶，楼顶覆盖杉树皮，三柱八瓜抬梁木质结构，立面二层、面宽二间，三柱通底，与底层支柱穿榫结合。二楼分为左右间，以三排中柱连壁分前后间，右前间为舞台，左前间为更衣室，后左右通间为化妆室，与楼梯相连。舞台中央壁上有一栅栏式方窗，方窗上方绘一孔雀开屏，左右各绘一狮子踩绣球。台口平面呈弧形，台沿前装饰具有民族特色的图案。台口两旁各有一吊脚柱。柱脚有鼓墩式雕花装饰，吊脚柱与檐柱间连壁，形成外八字形假台口。假台口可张贴对联和绘画，戏台两边的假台口后侧各隐有一枋式坐凳，供乐师和施幕坐用。台口顶面装有一檐板，檐板下缘采用大弧线相连，形成波纹装饰花边，并绘有花纹。

黎平县高进村戏楼，建于清代。一正两厢型平面，戏楼两侧为看台。建筑之间的场地可供观众看戏和群众集会使用，场地中央镶砌有图案花纹，是村寨的文化娱乐活动中心，戏楼与厢房均为穿斗式全木构建筑（图8-3-13）。

图8-3-13　戏台与厢房

从现存侗乡戏台的干阑建筑特征和装饰的彩绘彩塑图案中，不难看出，侗戏戏台既具有古朴浓郁的民族特色，同时也看到了中原文化特别是中原戏剧文化对侗戏的影响，它也是干阑建筑文化多元性的佐证。

8.4　本章小结

1.干阑建筑类型具有多样性，包括不同类型的村寨、住宅、粮仓，以及鼓搂、风雨桥、戏台等公共性建筑，这些不同类型的干阑建筑，因地而异的外部空间形态充分展示广博深邃的文化内涵和不同的民族特色，当窥见干阑文化缤纷灿烂的同时，那种适应环境、妙在多变的处理手法，凸显出干阑建筑文化的丰富性和多样性，这是留给后人最大的启发。

2.从本章列举的干阑建筑类型可以看出，干阑式建筑主要是以居住建筑为主，但干阑式建筑并不只局限于居住建筑，因为在族群式村寨聚落中，除生活居住要求，人们还需要配备有可供集体交往的场所，借以获得精神上的慰藉。因而一些地区干阑类型的公共性设施的出现就不奇怪，正是这些公共交往空间，在族群村寨社会生活中，发挥着巨大的精神凝聚作用，成为维持和统一村寨社会秩序的基本保障。也正是这些公共交往空间的出现，使干阑建筑文化类型具有多样性。

9 | 干阑民居的建造程序

传统营造技术的传承，充分体现在房屋的建造程序方面。干阑民居的营造方式和程序在不同地区各有其特点，展现出丰富多彩的民族文化，它已成为我国非物质文化遗产的重要组成部分。

9.1 建房时序特点——"三长一短"

干阑木楼的建造过程是一个"加工"和"安装"的过程。因此在建房时序上往往具有"三长一短"的特点。所谓"三长"即指加工过程：一是备料时间长，二是杆件制作时间长，三是装修镶板时间长。"一短"指安装过程短。房架及枋加工完成后，安装通常只需一两天时间。竖立房架时，除建造匠师、木工外，还有许多匠人和村民参与，他们自愿前来帮助建房，施工现场体现出极为和谐的乡土文化（图9-1-1~图9-1-6）。

图9-1-1　干阑建筑屋架竖立1

图9-1-2　干阑建筑屋架竖立2

图9-1-3　干阑建筑屋架竖立3

图9-1-4　干阑建筑屋架竖立4

图9-1-5　干阑建筑屋架竖立5

图9-1-6　干阑建筑屋架竖立6

9.2 建房基本程序

干阑民居建造一般需经过择地、择日、破土、起基、上梁、起墙、钉椽、盖顶和装修等八个步骤。贵州苗族和布依族建房程序上也很有讲究,一般需要通过择地、即下石、架马、立房、上梁(钉梁)、钉门(开财门)等六个步骤。因此,营造方式和营造程序各地区不尽相同,既有共同性,也略有差异,不言而喻这些丰富的建造程序,是中国干阑民居建造技术传承的活化石。

干阑建筑房屋建造程序如下表所示。

侗居建造程序　表9-2-1

侗居建造程序

木　材	户主确定建房规模	选定宅基
	建筑材料准备	石　料
	确定始建时间	
请匠师商定用料尺寸	聘请匠师	选定料场
	选定开间和进深尺寸	
砍伐建房用料	平整宅基砌筑保坎	农闲时间开采及收集石料
	粗放屋架大样	
精选套用各种杆件用材	各杆件制做(下料)	
	拼装屋架	
	总装整体构架	
	围护及内部断隔装板	
	门窗及室内设备制装	
	逐步完善工程	

贵州苗族干阑民居建造程序大致如下:

1.选址:选定宅基时一般要请地理先生看风水、龙脉、地质地貌和周围环境。选址过程多由户主根据特定的宅基条件同匠师酌定。

2.备料:在建筑材料准备中,并不是有树就砍,而是根据各种不同杆件选用不同木材,做到根段与梢段套用,力求节省。乱砍滥伐的现象,绝不允许。

石料的准备，一方面从选定的料场取石，同时也结合宅基平整取石，并利用河滩砂石，总之以省工省时为原则（图9-2-1）。

图9-2-1　干阑建筑建房备料

3.装板:围护墙及内部隔断装板，一般多由建房户主自行施工，很少请外人装修（图9-2-2、图9-2-3）。

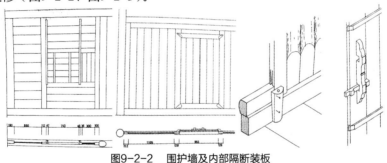

图9-2-2　围护墙及内部隔断装板

在鄂西一带土家族，半干阑吊脚楼的建造程序如下:

第一步备料，土家人称"伐青山"，一般选椿树或紫树，椿、紫因谐音"春"、"子"而吉祥，意为春常在，子孙旺;

第二步加工梁柱，称"架大码"，在梁上还画上八卦、太极、荷花莲子等图案;

第三道叫"排扇"，将各梁柱接上榫头，排成木扇;

第四步"立屋竖柱"，选黄道吉日，乡邻帮忙，上梁前先祭梁，然后众人协力，竖起一排排木扇。立屋竖柱之后便是钉椽角、盖瓦、装板壁。

富裕人家还要在屋顶上装饰向天飞檐，在廊洞下雕龙画凤，装饰阳台木栏。

图9-2-3　干阑建筑建房装板

9.3　建筑材料

干阑木楼建造中常用的材料是石料、木材和屋面防水材料三大类，云南竹楼用材为竹木结合，但均系就地就近取材。

1.石料：常用的有毛块石、毛片石、粗料石和卵石。石料主要用于屋基、堡坎、柱础等部位。中国西南一些地区的石头，取之不尽，用之不竭，问题在于开采和收集石料如何省工省时。在屋基施工前，除开采必需的毛石和料石外，一般在平整房基时就地取材，在河滩附近收集大块卵石，尽量减少人工开采。基础、堡坎砌筑多为干砌，只有重要部位用少量石灰浆砌。有的堡坎高约10余米，很有特色。乡村的石匠取材用料很有经验，做到什么部位用什么石料，心中有数。

2.木材：干阑木楼的柱、枋、板、檩均用杉木制作，近年来在缺少杉木的地区也有用松木和杂木。这里只将用料的特征以及主要杆件的最小尺寸简述于下：柱和瓜柱用料要求竖直，为控制其挠度，穿枋和斗枋的下料尺寸是由柱中心线控制，为确保承接桁檩的梢径不小于80～100毫米，柱和瓜柱的梢径不小于133毫米；为确保足够的刚度，楼楞的梢径不小于80～100毫米，如系矩形截面，其高度则不小于100毫米，楞的顶部同层间斗枋标高相一致。对楼板、楼梯和廊栏等材料,在"构造细部"中已作了说明,这里不再阐述。

3.屋面材料:屋面的椽皮用杉木或杂木板条制作,钉于檩条上。屋面用小青瓦,一般都由村寨自产。小青瓦宽180~200毫米,长120~50毫米。此外,屋面也有采用茅草、杉树皮材料(图9-3-1)。

图9-3-1　采用茅草、杉树皮材料

9.4　匠师的作用

干阑民居的建造者来自两个方面:一是以农业为主兼做木工的半专业匠师或以从事营造工作为主的专业匠师;二是建房业主家庭成员本身就是技术熟练的木工匠人。匠师建造干阑民居的活动与现代建筑施工中的建筑师和工程师不一样,建筑师和工程师要掌握建筑、结构和施工等各方面的专业知识,需各专业人员的互相配合进行建筑创作和施工活动。干阑民居的建造较单纯,主要是以木作施工为主,石工、瓦工同木工配合进行工作(图9-4-1)。

图9-4-1　干阑建筑房屋建造工具

木工匠师的责任，首先是要配合建房业主，并根据宅基大小，议定拟建房屋的规模，以及房屋的式样要求。其次是议定必要的施工程序，制定简单的施工计划。这里包括房架各构件相关位置，定出有关构件的尺寸（如中柱的高度），按计划准备各种材料等。第三是依据地形、地质情况，确定基础（屋基）的施工方案等。

9.5　本章小结

1.干阑民居的营造方式和营造程序，展现出丰富多彩的民族技艺，它是我国非物质文化遗产的重要组成部分。

2.匠师在干阑民居建筑施工中制作技艺的熟练程度，对构架的整体性和稳定性起重要作用，也是当代社会一笔宝贵的传统非物质文化遗产。

10 | 于阗建筑文化价值及其在当代的
现实意义

干阑建筑文化是中华建筑文化基因的根和源，今天留存着的一幢幢干阑建筑，是时间的积淀、文化的积淀，也是先人劳动创造的结晶。"干阑"体现了人类最原始的一种哲学思维，如果将它提升到原生态建筑哲学的高度来思考，可以说，干阑建筑不仅孕育了建筑文化本身，更是孕育了中国古代原哲学，特别是生态建筑人类学。

10.1　干阑建筑的文化价值

10.1.1　干阑建筑具有科学研究的历史价值

从干阑建筑中我们可以看到古代人们日常的生活习俗、淳朴的风土人情、宗教信仰和生产生活方式以及营构技术发展程度和认识水平的保存，是人类创造能力和走向文明社会步履的反映。干阑建筑的发展进程和历史遗存，展现出一种动态的、发展的、一体化的人文存在，而非静态的、恒常的、孤立的物构，它横向与人的活动、纵向与历史进程紧密相联。因此干阑建筑是农耕文明发展变迁的历史实物佐证。

河姆渡的干阑木构誉为华夏建筑文化之源，在中外建筑史上写下光彩的一章。其榫卯木构及企口木作，最能反映当时干阑建筑技艺，同时也体现干阑建筑的技术水平。不同地区和不同材料的干阑建筑其营造方式和营造程序，展现出丰富多彩的民族技艺。匠师在干阑民居建筑施工制作中的熟练技艺，对构架的整体性和稳定性起着重要作用。它们都是我国当代社会一笔宝贵的传统文化中非物质文化遗产的重要组成部分。

干阑建筑促成了穿斗式木结构的出现，并直接启示了楼阁的发明—提高地板(居住面)，并利用下部空间，最终导致阁楼与二层楼房的形成。可以看出干阑建筑跟我们现代居住方式有直接关系，具有科学研究的历史价值。

10.1.2　干阑建筑始终突出以人为本的理性精神，体现人本主义实用价值

"人因宅而立，宅因人而存"。干阑建筑与人的关系是一切以人为本，以主人和家庭为本，将天地人三者结合，考虑人，把人的生产生活作为民居营建的出发点。干阑建筑核心思想是底层架空这一特定的建筑形式，除用火问题的解决，为人们在架空层面生活创造了条件外，更有在于它很好有效地

解决了建筑与华夏民族生存的生活活动方式。自它产生之日起，就作为一种遮风避雨、防御灾害的场所存在，满足人类生活活动的需求。干阑建筑的空间诸如入口空间、中介空间、火塘空间、私密空间、贮存空间等，在平面布置、功能布局等方面都能根据不同的民族习俗，及不同的生活行为需求，形成不同的公共与私密、开敞与封闭的空间序列，充分体现干阑建筑以人为本，将人的活动行为模式作为营建出发点的人本主义思想，将天、地、人三者紧密结合，这并非是单一物质的构成，也不是以视觉为衡量标准，而是以人的生活作为基调，体现它与人类的生活密切相联。

随着社会的发展和时代的变迁，人们的价值观、社会观、历史观都在发生变化，这些变化促使人们去创造、去发现更适合自己需要的建筑和结构形式，可以说干阑建筑文化始终突出以人为本的实用理性，将自然文化与生活行为，结合成一个完美的生存模式，构建了一个相对和谐和以人为本的人本主义价值体系（图10-1-1、图10-1-2）。

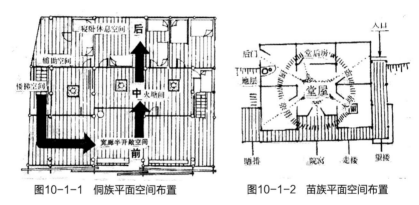

图10-1-1　侗族平面空间布置　　　图10-1-2　苗族平面空间布置

10.1.3　干阑建筑顺应自然和融于自然、与环境共生融洽的生态保护思想具有借鉴应用价值

天人合一观强调人与自然的和谐共生，注重人与自然的互动互通，它也是干阑民居在大环境条件下处理建筑择向、定位、选址的依据和准则。从而形成了干阑建筑的思维方式和表达方式，形成了以天人合一为鲜明特征的独特个性。

首先服从自然、顺应自然、巧妙运用自然，以最简约的形式，创造具有特定功能的可用空间，包括可用的室内、室外两部分环境空间的营造。显示干阑建筑与自然的勃勃生机、表达万物之精神神韵。

其次，在追求建筑与自然和谐共生的过程中，因借地形，利用自然环境提供的条件，"巧于因借，精在体宜"。干阑建筑与山势地形巧妙结合，手法独具匠心，在有限的用地情况下，充分发挥竖向组合特点，能够创造更多使用空间。形成节制和收敛的生活态度。比如干阑建筑不追求高大和无限膨胀的容积，而是以简单的房架、虚实相间的布局形成张弛有序的空间节奏，对自然竹木资源的开发和山体的利用都有明确的认识等，都充分体现具有可持续发展思想。

干阑建筑作为传统民居从古至今已经生存了几千年，它对湿热气候和多种地形的适应性，充分体现出原生生态建筑的特征和顺应自然、融于自然、利用自然，凸显"和而不同、与自然和谐共生"的精神特质。

历经长期生活积淀的干阑建筑，其文化内涵随历史进程在不断延深和发展，它与自然生态环境和谐的态度，实现了居住与环境的平衡，充分体现"天人合一"共生融洽的可持续发展生态环境规划理念，饱含着人与自然、社会和谐共生的哲学思想。同时，干阑建筑"天人合一"的哲学思想也对当今提出的生态建筑、绿色建筑、节能建筑等新观念、新思想，以及对现代化建设和城镇化可持续发展都有着不可忽视的启示作用和借鉴应用价值（图10-1-3 ~ 图10-1-7）。

图10-1-3　与自然和谐的文化魅力

图10-1-4　傈僳族干阑建筑与环境融为一体

图10-1-5　傣族竹楼山水情怀的自然和谐

图10-1-6　各具风姿的村寨与自然和谐共生

10.1.4　干阑建筑对地方材料和结构运用的智慧技巧具有传承价值

干阑建筑的产生也源于"因地制宜、就地取材"的基本原则，根据不同生境环境，选择运用不同材料、结构方式和建造技艺，并按照一定的科学和美学规律，建造出千姿百态、丰富多彩的空间形态。它将取之不尽的地方材料资源建构成建筑实体，并将其推进到人类物质和精神文化领域的高度，充分展现不同地区的地域建筑特色。其构成特色的重要基础就在于对地方材料的选择。能有忠实体现材料物理性能的结构表达与塑造，使干阑建筑的美学价值达到完美的体现。

贵州苗、侗民族聚居区气候温和，水热条件优越，适宜林木生长。因而这里的干阑建筑就地取材选择木材建造。构成用木柱支托、凿木穿枋、衔接扣合、立架为屋、四壁横板、上覆杉皮、两端偏厦的干阑木楼举目皆是。以木材建造的吊脚楼和干阑屋显现出黔东南地区干阑建筑的地域文化特色（图10-1-7~图10-1-9）。

云南滇西南、滇东南等低热山地、河谷湿热地区竹林富饶，分布十分广泛，因而竹材不仅伴随着云南少数民族走过物质文化和精神文化的演进历程，而且运用竹材建造出技术娴熟、形象丰富的千脚落地、鸡罩笼、傣族干阑竹楼，形成"用美结合、材艺一体"的用材之道和一套运用地方材料的营造工艺。

因此，如果从生态建筑思想的关注点来看，干阑建筑使可持续的地方材料资源融入人类物质和精神文化领域，既取之于自然，又归于自然。它所蕴含的绿色生态建筑理念和可持续循环发展思想，以及就地取材建造房屋的智慧与技艺在当今仍具有借鉴运用和传承的价值。

图10-1-7　干阑建筑就地取材、因地制宜1

图10-1-8　干阑建筑就地取材、因地制宜2　　图10-1-9　干阑建筑就地取材、因地制宜3

10.1.5　干阑建筑具有较高的建筑艺术价值

干阑建筑针对不同环境"随机而变"，体现建筑适应自然的能力。运用"变通"手法即因人而变、因事而变、因情而变、因景而变，遵循某种规则，但又不拘泥于既定的规则。干阑建筑体现了"变"与"不变"的辩证统一法则，变的是外在形式，不变的是支座架空基因和内在本原。

干阑建筑具有适应地形的灵活性。往往采用架空、悬挂、叠落、错层等多变的建筑处理手法，结合功能合理处置，使建筑自然而不造作，以其简洁造型、多变的布局凸显建筑形态的丰富多彩和与自然环境的高度和谐。

干阑建筑以不同材料与技术营建，以亲切近人的尺度、和谐横向的比例、轻盈悬虚的造型、对称或非对称的构图，并通过开间的增减和竖向富有弹性的变化，在山乡的自然山水间展现丰富的建筑形象。干阑建筑装饰质朴清雅，雕饰朴实无华，充溢着朴实自然、稳定平和的形式美感，充满农耕社会的地域风格和生活情趣，体现自然和谐的山水情怀和审美意识。干阑建筑"长脊短檐"造型、倒梯形屋顶、门楣牛角等简朴的建筑装饰图案中，赋予船、鸟、牛崇拜的象征意义总是充满着吉祥与祝福的寓意，体现了主人爱美、乐观的性格与吉祥如意的愿望。表达人们向往美好的生活、渴望幸福人生的愿望，凸显建筑形态的丰富多彩和与自然环境的高度和谐，具有较高的建筑艺术价值（图10-1-10~图10-1-12）。

图10-1-10　侗寨内部环境　　　　图10-1-11　干阑民居的空间错落

图10-1-12　干阑建筑造型因地而异富有民族文化特色

10.2 干阑建筑在当代城市建设中的现实意义

干阑建筑最本质的核心思想就是底层架空。自古以来,这一建筑思想一直为人们所用,其特点就在于它在各种地形条件下的广泛适应性。底层架空具有传统居住功能所必需的遮风避雨、通风防潮、抵御猛兽,它是一种既适用于海岸地带或是沼泽水网,又适应于山坡峡谷等自然环境极强的传统建筑形制。

然而,它也随着社会经济的发展而兴衰,这种建筑类型在发展后期不如前期那样充满生机,而是趋于停滞发展状态。即便如此,干阑建筑还是在居住建筑史上留下不少可供后人吸收和借鉴的科学、合理成分。

那么,干阑建筑这一最古老的建筑形态,随着人类社会的发展进步,当今还有没有应用价值呢?这是研究干阑建筑课题必须回答的一个问题,答案当然也应该是肯定的。

从干阑建筑演变发展的历史进程,以及当今许多形形色色的建筑思潮和城市建筑实例,诸如提出的"现代巢居方案"和未来城市设想等,可以说都无一不是受这一古老干阑建筑形态的启示。当然,当代城市建筑有不少实例,其设计初衷和目的与古代干阑建筑有本质的不同,它们是在螺旋上升高度上的延续和发展。即便如此,在这些建筑实例所表现出来的干阑建筑最本质的支座架空的核心思想依然犹存。标志着当代建筑正向着以绿色生态的方向,重新回归到传统建筑"天人合一"自然观的核心思想中来。

现代建筑大师勒·柯布西耶在《走向新建筑》关于住宅的论述中,显露出他热衷于对自然的关注。勒·柯布西耶1925年提出了"新建筑五点",其中一点就是建筑底层支座架空。他设计的萨伏伊别墅可以说就是一个现代干阑建筑。

勒·柯布西耶的设计思想和实践中体现了两方面特点:一是充满对自由简洁的追求,再就是依照他的本意,底层支座架空便于充分接触自然,保证地面绿地的通畅。利用支座底层架空的处理手法几乎成为现代建筑习以为常的公则。

勒·柯布西耶在1930~1933年的阿尔及尔市"奥布斯"规划中,他不仅将城市建设在巨大的鸡腿柱上,保持大片绿地的通畅,而且将机动车道占据其中一层,形成复式路网体系,减少了道路占用土地面积,促进建筑空间内外交融，扩大了城市公共空间和交通空间。从勒·柯布西耶规划设计的作品可见底层支座架空在当代城市建设中的现实意义（图10-2-1）。

图10-2-1　勒·柯布西耶设计的萨伏伊别墅

干阑建筑最大的特点就是建筑底层支座架空、建筑离地而建的一种建筑形式。在当代城市建设中，干阑建筑支座架空的现实意义至少有如下几方面：

一、建筑支座架空，作为城市整体景观的视线通廊，增强城市空间的联系贯通，提高城市的整体性和有机性。

从城市景观的整体性角度而言，建筑底层架空可以使建筑前后的外部景观空间连通，作为景观视线通廊，成为城市整体景观构成的纽带，增强建筑组群的联系，提高城市景观整体性、有机性以及城市历史发展的延续性，避免城市范围内社会空间的强烈分割和对抗，实现城市发展过程中时序的和谐。

日本建筑师西泽立卫和女建筑师妹岛和世，在日本长野设计的博物馆建筑，为不破坏本地周边古建筑祥和安静的传统氛围，将单层的博物馆以粗大混凝土柱支起，为展览厅设置了一个连续、横长的矩形条状空间，使地面绿化与建筑融合的同时，作为视觉通廊，让人们获得连续完整的城市景观。

底层架空的长野博物馆既体现了柯布西耶提倡的现代建筑法则，也成为城市空间视觉景观保持连续性的有效手段。对于博物馆建筑功能的实际意义则是可以有效防止展品受潮（图10-2-2）。

安田幸设计的东京工业大学图书馆，新的功能、新的结构方式与技术手段带来建筑功能和建筑形态的巨大发展，同时也是体现传统干阑建筑形态的创新表达（图10-2-3）。

图10-2-2 日本长野县博物馆

图10-2-3 东京工业大学图书馆

二、建筑支座架空，作为城市公共空间，成为市民公共交往和举行活动的开放性场所。

位于重要城市地段的重要建筑，如果将建筑底层架空作为市民服务的城市公共空间，可以极大地丰富市民的公共生活内容，成为市民进行公共交往、举行各种活动的开放性场所，既是城市客厅，也是展示城市魅力和文化氛围的舞台，成为大众心理的文化符号和人生认知的一部分，不仅为市民创造出一个个舒适的共享空间，而且使市民可产生归属感和认同感。

北川文化中心将底层架空作为城市公共空间的一个组成部分。文化中心包括图书馆、文化馆、羌族民俗博物馆三部分构成，设计构思源于羌族聚落，以起伏的屋面强调建筑形态与山势的交融，为了与城市背景取得较好的联系，设计将前庭采取架空开敞手法，在既满足三馆交通连接功能的同时，也可成为羌民交流聚会的城市客厅。除满足市民城市公共生活的社会需求，还成为城市稳定的物质空间和精神空间要素（图10-2-4）。

图10-2-4　北川文化中心架空开敞的前庭

广东省博物馆新馆设计意念，是表达传统文化中的宝盒，以"装载珍品的容器"为意象。博物馆设计造型与歌剧院的形体形成鲜明对比，建筑形象具有强烈的标志性，特别是文化艺术广场的概念设计颇有特色。该项目总体设计将展示空间及其他功能安排在二层以上，最大限度地解决了首层支座架空的问题，它为博物馆入口及城市赢得了通透的公共空间，满足市民城市公共活动的社会需求（图10-2-5）。

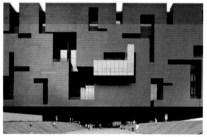

图10-2-5　广东省博物馆新馆

又例如贵州六盘水市凤凰山城市综合体项目，建筑群坐落于城市中心地段，建筑群总体布局以凤凰山为依托，结合地形环境，总体形态取凤凰造型呈两翼展开。整个建筑群与地形紧密结合，延绵山势连成一片。根据建筑群各部分不同功能，充分利用地势高差，将山坡分为不同标高的三级台地，顺山就势分层筑台，既节省室外土石方工程量，也减少对山体的破坏。建筑群由低到高分别布置会议中心、图书档案馆、地方志馆、博物馆、城市规划馆、服务中心及行政办公等用房，建筑单体根据地形设计，采取支座架空以及架空连廊等处理手法，根据地形组织几个不同功能类型的外部公共活动空间，成为市民交往、参与和共享的公共活动场所。建筑群总体布局严谨，主次分明，气势雄伟，建筑与山体浑然一体和谐共生，塑造出一个功能完善、空间开放的城市公共文化空间，展现出山地城市的建筑特色（图10-2-6）。

图10-2-6　六盘水城市综合体采取支座架空手法为市民提供公共活动空间

威海甲午海战馆位于刘公岛，主体建筑依地形变化相互交错。底层建筑架空，为最大限度地伸向海面，并作为人流通往二层序厅的公共空间，在这里人们可以走向宽大的观海平台（图10-2-7）。

图10-2-7　威海甲午海战馆

世博会中国国家馆。以33.3米高的开敞底层架空作为观众人流疏散和通往上层各展厅的休息服务大厅，四个大小相同的竖向交通筒体支承高区各展示空间，厚重敦实，底层架空打造了一个宽敞的公共交往空间，建筑与环境相得益彰（图10-2-8）。

图10-2-8　世博会中国国家馆

三、建筑支座架空，可以改善建筑群的自然通风，并提供风雨无阻的休憩活动场所。

在我国南方地区，形成以传统干阑建筑为原型的建筑支座架空层，一方面可以适应南方潮湿炎热的气候，达到通风遮阳的效果，另一方面，通过引入绿化，延伸到建筑底层，创造一个清凉舒适的共享空间。广东从化市图书馆新馆采取建筑底层架空的做法，既有利于图书馆建筑通风防潮功能要求，也优化了环境，串通了建筑群各院落之间的交通联系和形成视线通廊，体现建筑适应环境的地域性特征（图10-2-9、图10-2-10）。

图10-2-9　广东从化市图书馆新馆

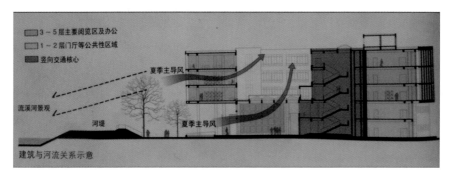

图10-2-10　广东从化市图书馆新馆

广东药学院教学楼，设计采取"通"、"透"手法，将各具特色的空间连成一体，首层采用支柱架空的方式，关键部位设置若干通往楼层的垂直交通，使外部空间的各部分相互连通，不仅提供了风雨无阻的交通廊道，而且对改善建筑群自然通风特别有效，架空底层与庭院结合，为学生课余交往提供了一个山水诗意的环境空间（图10-2-11、图10-2-12）

图10-2-11　广东药学院教学楼

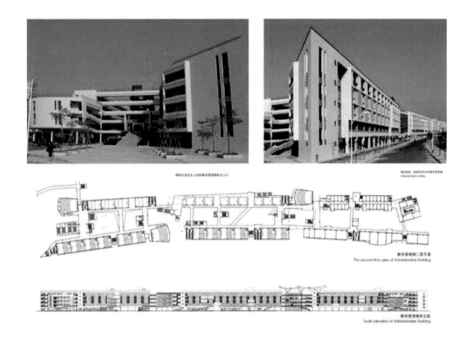

图10-2-12　广东药学院教学楼

　　贵州大学、贵阳学院、黔东南凯里学院、黔南民族师范学院等教育建筑，均采取支座架空的底层作为自行车存放，或供学生课间交流使用。坐落于贵阳龙洞堡新城的贵阳学院，总体布局以图书馆、综合教学楼及中心广场为中心，西侧教学区的教学楼，建筑利用自然气候条件，设计采取开敞、通透的建筑布局方式，争取自然通风。采取掉层、架空等手法，争取到更多的使用空间，图书馆利用架空层设置报告厅，体育馆、实验楼利用高差设置训练馆、实训车间等，充分体现建筑设计对自然环境的尊重和对建筑空间的充分利用。强调建筑与场地原生自然环境的对话，取得良好的环境效果（图10-2-13~图10-2-17）。

图10-2-13　贵阳学院校园外景

图10-2-14　贵阳学院支座架空

图10-2-15　贵州大学支座架空层

图10-2-16　黔东南凯里学院

图10-2-17　黔南民族师范学院支座架空

四、居住小区内利用住宅底层支座架空作为住户公共活动场所，能满足更多生活使用要求。

利用温润的气候条件，布置室外庭院，使住宅内外空间互相交融、建筑与环境相得益彰、拓展了环境视野、提高了生活品质，体现当代社会注重人际之间交流和参与，展现人文关怀。

贵州冬无严寒，夏无酷暑，年温差小，气候温润，为开敞式建筑空间提供了可能。如某居住小区住宅利用温润的气候条件和适宜植被生长的水土，布置了室外庭院，打造出气候宜人的公共交往空间。采取支座架空底层作为公共活动场所，使建筑与环境相得益彰、内外空间互相交融、拓展了环境视野、提高了生活品质（图10-2-18、图10-2-19）。

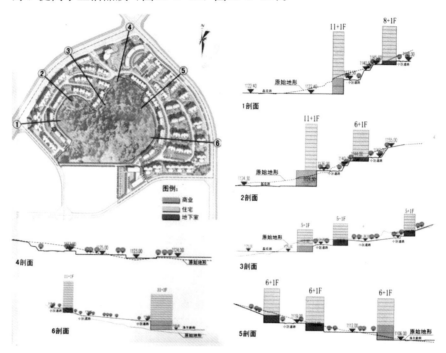

图10-2-18　某居住小区住宅底层架空用作公共活动场所

图10-2-19　某居住小区住宅底层架空用作公共活动场所

五、建筑支座架空，作为利用地形的手段保护生态环境。

在地貌不平的山坡建设场地，建筑底层架空，可以最大限度利用地形、减少土石方工程，具有良好的经济性。延伸绿化至建筑底层，保护生态环境，提高绿化率，争取到更多的有效使用面积，也为创造山地建筑风貌提供了有利因素（图10-2-20~图10-2-22）。

图10-2-20　浙江某田园综合体公共用房支座架空争取更多有效使用面积

图10-2-21　住宅支座架空最大限度利用地形

图10-2-22　黔南民族师范学院利用地形

六、在风景区、公园内或是其他自然、文化氛围较为浓厚的环境空间规划建设项目，建筑设计创作可借助干阑建筑形象，取其形、延其意、传其神，化繁为简，做到形散神聚，以全新的方式表达一个抽象的设计思想，体现建筑适应环境、寄情于自然的意境。引起人们的联想与共鸣，体现地域传统文化特色。

例如河姆渡遗址博物馆，设计作品运用乡土材料和传统建筑特征，结合新时代的思想文化，以干阑建筑底层架空的建筑造型，传达丰富的地域文化意象，最直接地表达建筑的传统文化特色，体现遗址博物馆的建筑主题（图10-2-23）。

图10-2-23　河姆渡遗址博物馆

又如金华建筑艺术公园，是一个具有滨江特色的开放型公园，该公园已成为金华重要的旅游景观和文化景观，公园内17个小型公共建筑既充分体现出来自不同文化背景的建筑师们的鲜明特征，同时也充分尊重中国的传统文化及金华本地的人文特征、地理景观和气候特点。设计汇集了世界建筑最高奖——普利茨克奖获得者、包括北京奥运会主场馆"鸟巢"的设计者赫尔佐格以及哈佛大学建筑系主任森俊子、北大建筑学研究中心负责人张永和等7位中外知名建筑设计艺术家，他们分别来自美国、瑞士、德国、墨西哥、荷兰、日本及中国。公园内的5号茶室建筑设计由刘家琨主持，建设基地位于大坝低地，为获得大坝以外的河岸风景，设计化整为零，减小体量，建筑犹如一个个巢居集群形象，以形传达风、视野、轻盈的意蕴，其思想内涵充分得到表达，以全新的方式表达一个抽象的设计思想，体现出地域自然和文化长期积淀形成的简朴无华的性格特征，满足休憩饮茶时的基本愿望，使人们的城市生活与建筑艺术更好地融合互动（图10-2-24~图10-2-26）。

图10-2-24　金华建筑艺术公园5号茶室实景1

图10-2-25　金华建筑艺术公园5号茶室实景2

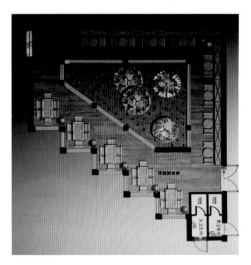

图10-2-26　金华建筑艺术公园5号茶室平面

10.3 本章小结

1.干阑建筑的文化价值归纳为四点：体现"天人合一"与自然和谐的环境观；就地取材、循环再生的可持续发展观；"以人为本"的价值观；"变通"手法展现干阑建筑的地域特色和艺术价值。

2.干阑建筑不仅孕育了建筑文化本身，更是孕育了中国古代原哲学，特别是生态建筑人类学。干阑建筑最本质的核心思想是底层架空。勒·柯布西耶1925年提出了"新建筑五点"，其中一点就是建筑底层支座架空。至今这一思想依然犹存，并一直延续为人们所用，而且正向着以绿色生态的方向发展。

3.干阑建筑随着社会经济的发展而兴衰，这种建筑类型在发展后期不如前期那样充满生机，虽然发展趋于停滞状态。即便如此，干阑建筑还是在建筑史上留下了不少可供后人吸收和借鉴的科学、合理之处。特别是支座底层架空的核心思想，在当代城市建设中，仍然具有现实意义。它的价值在于体现历史的纵深和渊源，体现古今的接续和延伸，因它的存在，启发着当代城市建设审美思路的发展，它留给后人的是人类文明演变的足迹，是永恒的民族精神气质。

结语

　　干阑建筑是最早的居住形态之一，也是人类历史悠久古老的建筑文化。自新石器时代起，干阑建筑就分布在中国长江流域以南的主要地区，后随民族迁徙，扩大至海外琉球、日本和东南亚等地，再后来进入中国西南境内。干阑建筑能广泛适应长江以南和东南亚诸岛，且千年不衰，其生命力之强大，就在于有相同或相似的自然文化，有着相似的地理学、生态学、民族学以及技术背景等因素，还有相似的自然环境和自然条件及其丰富的竹木资源。这一时期的民族征服与迁徙，扩大了中国文化的传播与影响，对干阑建筑的分布形态也有很大关系。

　　干阑建筑最本质的特征是下部架空，"吊脚楼"是因所处环境条件不同，利用山地地形为目的的一种产物。从本书列举的我国西南地区颇多极富个性特色的干阑建筑文化实例可以看出，干阑建筑空间形态特征的影响因素主要来自地理环境、森林文化和民族文化。不同类型的干阑建筑，娴熟地使用乡土材料，依山而建，临水而居，创造了人与自然和谐的聚居形态，凸显"和而不同、和谐共生"的文化建筑性格。干阑建筑因地而异的外部空间，充分展示广博深邃的文化内涵和不同的民族特色。因此，干阑建筑是以"变通"手法展现它的地域特色和艺术价值。当人们窥见干阑文化缤纷璀璨的同时，那种适应环境、妙在多变的处理手法，是留给后人最大的启示。

　　在现代工业文明社会大潮中，具有民族地域特色的干阑建筑营造方式和营造程序是非物质文化遗产的重要组成部分。而有独特营造技艺和熟练技术的民间工匠，对传统文化和传统技艺的传承将起到承上启下的历史作用，是推动当代社会的人们去保护和传承文化、文明的宝贵财富，也是珍贵的非物质文化遗产。

干阑建筑这一古老的建筑形态，在当代城市建设中还有没有应用价值和现实意义呢？答案也是肯定的。

干阑建筑随着社会经济的发展而兴衰，这一建筑类型在发展后期不如前期那样充满生机。虽然趋于停滞状态，即便如此，干阑建筑在建筑史上，还是留下了不少可供后人借鉴和吸收的科学合理成分，特别是支座底层架空的核心思想，在当代城市建设中，仍然具有现实意义。

因为干阑建筑追求建筑空间与建筑环境融合协调的理念，特别是当今，它与维护地域的自然生态体系，实现建筑与生态环境和谐共生，提出保护生态、少破坏、少污染，减少地表水土流失和城市地形地貌改变的生态环境理念相一致。因此，干阑建筑可以为当今人们探索人、建筑与自然环境的关系、寻求和创造生态建筑环境的途径和方法提供了一个很好的思路。

自从勒·柯布西耶1925年提出了"新建筑五点"，干阑建筑支座架空思想在当代城市建设中，至今依然犹存。干阑建筑的架空思想包括"鸡腿"建筑、高架道路、抬升广场等，都是保护原有地形地貌环境的有效措施。架空层对于城市的融合、视线的通透、边界的交融、建筑与环境空间的呼应等，都起到了很好的作用。因此我们从干阑建筑支座架空思想中寻找创意与灵感，进行传承、融合与创新，这对传统建筑文化如何传承延伸具有很好的启示与借鉴意义。

日本江户东京博物馆底层用巨大的柱子抬起，由此形成一个人流疏散广场，起到了较好的交通人流疏散作用。美国科罗拉多州丹佛市白老汇1999大厦，采取底层支座架空的方式，使新建筑与旁边原有的一座有着悠久历史的天主教堂相呼应，充分体现尊重原有建筑的设计理念，标志着当代建筑正向着以绿色生态的方向，重新回归到"天人合一"自然观的思想中来。

此外，架空思想理念和模式已经进一步拓展到高层建筑物，譬如结构转换层的架空，创造出高层建筑物的空中地面，并加以绿化后形成高层建筑里的空中花园，解决高层建筑与室外环境绿化相结合的问题。随着现代观念意识和建筑材料结构技术的不断发展，建筑架空的形式还会继续深化，它足以显示出干阑建筑最初的底部架空思想理念的广泛性和适应性。

当今某些特定地区，还可以借鉴干阑建筑形态以表达地域文化特色，借鉴干阑建筑的形式传承传统建筑文化，延续可持续发展的文化生态元素，将传统建筑文化的神韵和灵魂融合到当代中国建筑创作之中，以满足广大群众的精神生活需求。

参考文献

【1】刘敦桢. 中国住宅概说【M】. 北京：建筑工程出版社，1957.

【2】戴裔煊. 干兰——西南中国原始住宅的研究【M】. 太原：山西人民出版社，1948.

【3】安志敏. 干栏式建筑的考古研究【J】. 考古学报，1963. 2.

【4】杨鸿勋. 中国早期建筑的发展. 建筑历史与理论【M】. 第一辑，1980.

【5】浙江省博物馆. 河姆渡遗址第一期发堀报告【J】. 考古学报，1978. 1.

【6】广州出土汉代陶屋【M】. 北京：文物出版社，1958.

【7】贵州省博物馆. 赫章可乐发堀报告【J】考古学报，1986. 2.

【8】贵州省文物局. 夜郎故地遗珍【M】. 贵阳：贵州人民出版社，2011.

【9】陆元鼎. 中国民居建筑【M】. 广州：华南理工大学出版社，2003.

【10】杨昌鸣. 东南亚早期建筑文化初探【D】. 东南大学，1990.

【11】汪之力. 中国传统民居建筑【M】. 济南：山东科学技术出版社，1994.

【12】罗德启. 贵州民居【M】. 北京：中国建筑工业出版社，2008.

【13】云南省设计院. 云南民居【M】. 北京：中国建筑工业出版社，1986.

【14】蒋高宸. 云南民族住屋文化【M】. 昆明：云南大学出版社，1997.

【15】杨大禹，朱良文. 云南民居【M】. 北京：中国建筑工业出版社，2008.

【16】（日）住宅建筑【M】. 贵州高床住居和集落，1990. 4.

【17】李先逵. 干栏式苗居建筑【M】. 北京：中国建筑工业出版社，2005.

【18】孙以泰等. 广西壮族麻栏建筑简介【J】.建筑学报，1963. 1.

【19】陈顺祥，罗德启，李多扶. 贵州古建筑【M】. 北京：中国建筑工业出版社，2015.

【20】贵州省民族研究所. 贵州的少数民族【M】. 贵阳：贵州人民出版社，1980.

【21】中华人民共和国住房和城乡建设部. 中国传统建筑解析与传承【M】. 北京:中国建筑工业出版社，2016.